新巴尔虎右旗气象灾害防御规划

（2014—2030 年）

主　编　苗冬梅
副主编　李耀东　王晓光

内 容 简 介

《新巴尔虎右旗气象灾害防御规划（2014—2030年）》是新巴尔虎右旗首部气象灾害纲领性防御指南，本规划涵盖了新巴尔虎右旗境内干旱、暴雨洪涝、寒潮、冰雹、霜冻、高温、低温、雷电、大风、黑灾、白灾等多种气象灾害，系统地总结了上述灾害发生规律，提出了各灾害的设防指标，对新巴尔虎右旗的防灾减灾工作意义重大。

图书在版编目(CIP)数据

新巴尔虎右旗气象灾害防御规划：2014—2030年/苗冬梅主编．—北京：气象出版社，2017.5
ISBN 978-7-5029-6512-9

Ⅰ.①新… Ⅱ.①苗… Ⅲ.①气象灾害－灾害防治－新巴尔虎右旗－2014-2030 Ⅳ.①P429

中国版本图书馆 CIP 数据核字(2017)第 004277 号

新巴尔虎右旗气象灾害防御规划(2014—2030 年)
Xin Barag Youqi Qixiang Zaihai Fangyu Guihua(2014—2030 nian)

出版发行：	气象出版社		
地　　址：	北京市海淀区中关村南大街46号	邮政编码：	100081
电　　话：	010-68407112（总编室）	010-68408042（发行部）	
网　　址：	http://www.qxcbs.com	E-mail：	qxcbs@cma.gov.cn
责任编辑：	崔晓军	终　审：	吴晓鹏
责任校对：	王丽梅	责任技编：	赵相宁
封面设计：	博雅思企划		
印　　刷：	北京建宏印刷有限公司		
开　　本：	787 mm×1092 mm　1/16	印　张：	6
字　　数：	154 千字		
版　　次：	2017 年 5 月第 1 版	印　次：	2017 年 5 月第 1 次印刷
定　　价：	48.00 元		

本书如存在文字不清、漏印以及缺页、倒页、脱页等，请与本社发行部联系调换。

编 委 会

主　　编： 苗冬梅

副 主 编： 李耀东　王晓光

编撰人员：

包双喜　乌长顺　李雪江　鄂俊艳　鄂咏梅
刘清玉　包玉兰　吕　慧　蔺发森　林　岩
马丽娟　韩俊杰　包勿日塔　吴桂霞　阿丽雅
赵梅兰　曲鹏程　顾　轩　王　雪

序

新巴尔虎右旗地处中温带大陆性季风气候区，四季分明，多风少雨，境内干旱、大风、暴雨、雷电、暴雪、低温等气象灾害多发。气象灾害的突发性、反常性、不可预见性日益突出，严重威胁全旗人民群众生命财产安全和经济社会发展。新巴尔虎右旗根据《中华人民共和国气象法》和《气象灾害防御条例》等法律法规要求，经气象专家查阅大量的历史气象资料，并深入研究分析，反复论证完善后，历时两年终于编制完成了《新巴尔虎右旗气象灾害防御规划（2014—2030年)》（以下简称《规划》）。

"十二五"时期，新巴尔虎右旗气象事业取得较快发展，在促进经济社会发展、防灾减灾、为农服务等方面发挥了重要作用。但是，在全球气候变化的背景下，各类极端天气气候事件更加频繁，气象灾害及其次生灾害已严重影响新巴尔虎右旗经济社会发展、城市建设和居民身体健康。未来几年是新巴尔虎右旗全面加速发展时期，在大力促进经济社会发展的同时，全面贯彻党的十八大精神，加强新巴尔虎右旗气象灾害防御安全保障体系建设，提高人类认识和抵御自然灾害的能力，对于减少人民生命财产损失，全面建成小康社会意义深远。为提高本旗气象灾害防御能力，保障本旗经济社会可持续发展，在本旗建立一批对减少气象灾害损失、保障人民群众生命财产安全具有长远意义的工程性和非工程性社会防御措施，以《国家气象灾害防御规划（2009—2020年)》为指导，科学编制《规划》。《规划》的编制，可以进一步加强全旗气象灾害的科学预测和预防，指导旗、镇政府实施本行政区域气象灾害防御，强化防灾减灾和应对气候变化能力，最大限度地减少气象灾害造成的损失。

在此，向为编撰《规划》付出辛苦劳动的专业技术人员及有关方面的领导、专家表示衷心的感谢！

新巴尔虎右旗人民政府旗长

2017年2月

编 制 说 明

一、编制的目的意义

气象灾害防御规划,是防范气象灾害的科学指南,是推进气象灾害防御体系建设的重要内容。为加强新巴尔虎右旗气象灾害防御能力,达到科学防灾减灾的目的,提高应对气候变化的能力,减少和避免人民生命财产的损失等,根据国家相关指导意见,编制本《规划》。

二、编制依据

依据《中华人民共和国气象法》《中华人民共和国突发事件应对法》《中华人民共和国防洪法》《国务院关于加快气象事业发展的若干意见》《国家气象灾害防御规划(2009—2020年)》《气象灾害防御条例》《国务院办公厅关于进一步加强气象灾害防御工作的意见》《国务院办公厅关于加强气象灾害监测预警及信息发布工作的意见》《内蒙古自治区气象条例》和《呼伦贝尔市人民政府关于加快气象事业发展的若干意见》等法律、法规、文件及有关规范和技术标准,编制本《规划》。

三、适用范围

本《规划》适用于新巴尔虎右旗行政区域内气象灾害防御。在编制《规划》时,兼顾各苏木(镇)气象灾害防御工作,各苏木(镇)人民政府按照本《规划》重点负责本行政区域内气象灾害防御组织实施工作,不再专门编制气象灾害防御规划。

目 录

序
编制说明

第1章 指导思想、基本原则和总体目标 ·················· 1

    1.1 指导思想 ·· 1
    1.2 基本原则 ·· 1
    1.3 规划的目标和主要任务 ································· 2

第2章 自然环境与社会经济背景 ························· 6

    2.1 地理位置 ·· 6
    2.2 经济社会发展概况 ····································· 10

第3章 气象灾害防御现状 ································ 12

    3.1 防御工程现状 ·· 12
    3.2 非工程能力减灾现状 ································· 12
    3.3 存在的主要问题 ······································· 14
    3.4 面临的挑战 ··· 15

第4章 气象灾害时空分布特征 ·························· 17

    4.1 暴雨洪涝时空分布 ···································· 17
    4.2 干旱时空分布 ·· 19
    4.3 雷电时空分布 ·· 20

4.4　冰雹时空分布 …………………………………………………… 24

　　4.5　霜冻时空分布 …………………………………………………… 26

　　4.6　低温冷害时空分布 ……………………………………………… 28

　　4.7　大风灾害时空分布 ……………………………………………… 29

　　4.8　沙尘暴灾害时空分布 …………………………………………… 32

　　4.9　寒潮灾害时空分布 ……………………………………………… 33

　　4.10　黑白灾时空分布 ……………………………………………… 36

　　4.11　草原火灾时空分布 …………………………………………… 38

第5章　灾害设防气象指标 ……………………………………………… 41

　　5.1　暴雨指标 ………………………………………………………… 41

　　5.2　雷暴指标 ………………………………………………………… 43

　　5.3　冰雹指标 ………………………………………………………… 43

　　5.4　大风指标 ………………………………………………………… 44

　　5.5　沙尘暴指标 ……………………………………………………… 45

　　5.6　雪灾指标 ………………………………………………………… 45

　　5.7　高温指标 ………………………………………………………… 46

　　5.8　低温指标 ………………………………………………………… 46

　　5.9　初霜冻指标 ……………………………………………………… 47

第6章　气象灾害风险区划 ……………………………………………… 48

　　6.1　气象灾害风险基本概念及其内涵 ……………………………… 48

　　6.2　气象灾害风险区划的原则和方法 ……………………………… 49

　　6.3　分灾种气象灾害风险区划 ……………………………………… 52

第7章　气象灾害防御管理 ……………………………………………… 62

　　7.1　组织体系 ………………………………………………………… 62

　　7.2　气象灾害防御制度 ……………………………………………… 63

7.3	气象灾害应急预案	65
7.4	气象灾害调查评估制度	66
7.5	气象灾害防御教育与培训	67

第8章 气象灾害防御基础设施建设 … 69

8.1	气象监测预警系统建设	69
8.2	信息处理与发布平台建设	71
8.3	防汛抗旱防御工程建设	73
8.4	雷电灾害防御工程	74
8.5	人工影响天气工程	74
8.6	应急避险工程	74
8.7	气象灾害防御	75

第9章 气象灾害防御保障措施 … 81

9.1	加强气象灾害防御工作组织领导	81
9.2	推进气象灾害防御法制建设	81
9.3	健全气象灾害综合防御机制	82
9.4	完善气象灾害防御经费投入机制	82
9.5	依靠科技进步与创新，提升气象灾害防御能力	82
9.6	强化气象灾害防御队伍建设	83
9.7	提高全社会气象灾害防御意识	83

附　则 … 84

第1章 指导思想、基本原则和总体目标

1.1 指导思想

以科学发展观为指导，全面贯彻党的十八大和十八届三中、四中全会精神，为全面建成小康社会提供必要保障。统筹人与自然和谐发展，建立健全"政府主导、部门联动、社会参与"的气象防灾减灾体系，以防御突发性气象灾害为重点，着力加强灾害监测预警、防灾减灾、应急处置工作，充分发挥科学技术和教育在气象灾害防御中的作用，加强合作与交流，正确处理好当前与长远、局部与整体、防（减）灾与经济建设的关系，最大限度地减少人员伤亡和经济损失，保障社会稳定，以促进本旗经济和社会全面、协调、可持续发展为宗旨，充分发挥各部门、各镇街（地区）、各企事业单位在防灾减灾中的作用，提升本旗气象应急服务能力。

1.2 基本原则

政府主导，社会参与。坚持政府在气象灾害防御中的主导作用，推动各部门建立气象灾害防御联动和信息共享机制，全社会积极参与气象灾害防御工作。

以人为本，趋利避害。坚持把保障人民生命财产安全放在气象灾害防御首位，促进社会主义和谐社会的建设，实现人与自然和谐相处。

预防为主，防抗结合。坚持以预防为主，防抗结合，推进非工程措施与工程措施相结合，实现综合防御。

统筹规划，突出重点。坚持统一规划，突出重点，兼顾一般。按照气

象灾害防御战略布局的要求，分清轻重缓急，逐步完善灾害防御体系。

依法防灾，科学应对。《新巴尔虎右旗气象灾害防御规划（2014—2030年）》（以下简称《规划》）应当遵循国家有关法律、法规及批准的有关规划，充分利用已有资料和成果。《规划》拟定的目标、对策措施和工程布局，要与经济社会发展规划、国土规划、防洪规划、地质灾害防治规划、城市规划、城镇体系规划、村镇规划、环境保护规划、土地利用规划、水资源开发利用规划、水土保持规划等相协调。

1.3 规划的目标和主要任务

1.3.1 总体目标

加强气象灾害防御监测预警体系建设，建成结构完善、功能先进、软硬结合、以防为主的气象防灾减灾业务体系，建成政府领导、部门协作、配合有力、保障到位的气象防灾减灾运行机制，从而提高新巴尔虎右旗防御气象灾害的能力。到2030年，气象灾害造成的经济损失占国内生产总值（GDP）的比例减少50%，人员伤亡减少50%；工农业生产和经济开发以及人类活动控制在气象资源的承载力之内，城乡人居气象环境总体优良；气象灾害应急准备工作认证达标单位占应申报单位的95%以上。

1.3.2 近期规划目标（2014—2017年）

加快打造安全可靠的现代城乡减灾体系，初步建成气象灾害重点防御区非工程性措施与工程性措施相结合的综合气象防灾减灾体系。加强气象灾害综合监测预警网络建设；加强全旗气象信息接收设施建设，气象预警信息发布覆盖率达90%左右，预警时效达到30分钟，完成多个气象灾害防御示范村标准化建设。建立气象灾害防御队伍，全旗各镇街（地区）配备兼职或专职的气象协理员或气象信息员。雷电灾害防护能力显著增强，按照防雷规范标准，城市新（改、扩）建建筑物防雷检测合格率达到95%以上，建设多个嘎查防雷示范工程推广项目。加强气象科普宣传系统化建设。

加强农牧业气象灾害监测预警和气象信息接收设施建设，气象灾害综合监测系统进一步完善。完善气象灾害防御组织领导体系和应急救援组织体系，进一步提高气象灾害的防御能力。加强防洪规划修编，完善防汛现代指挥决策系统和各类防洪预案，推进山洪地质灾害综合防治，建立山洪、地质灾害群测群防网络。主城区规划能有效应对各种气象灾害的标准不低于50年一遇，暴雨主要支流及中小河流堤防防洪标准均达到50～100年一遇。加强气象条件所引发的交通安全、疾病流行、草原火灾等公共安全工作。

1.3.3 远期规划目标（2018—2030年）

按照新巴尔虎右旗社会经济发展总体规划、任务和要求，加快气象防灾减灾工程和非工程体系的建设，建成结构合理、功能先进的新巴尔虎右旗气象灾害监测预警、应急处置、灾害评估和支持保障体系；气象灾害监测预警和突发公共事件气象应急响应能力进一步提高，防御气象灾害的能力显著增强；城乡建设基本适应气象灾害防御要求，确保中心城镇按100年一遇防洪标准建设，综合防洪能力达到200年一遇。提升主要中心城镇防洪建设能力，按100年一遇的标准完善配套，使各类防汛防旱、城市防洪、交通防灾等工程性建设基本适应新巴尔虎右旗全面建设小康社会发展的要求；城乡居民（特别是农牧民）防灾减灾意识和避灾自救技能显著提高，全社会的气象灾害防御能力全面提升。到2030年，气象灾害造成的经济损失占国内生产总值（GDP）的比例减少50%，气象灾害造成的人员伤亡减少50%。

1.3.4 主要任务

——全面完成灾害风险评估和综合区划工作。全面完成全旗气象灾害调查与风险区划工作，查清新巴尔虎右旗气象灾害的分布和发生规律、形成原因，编制全旗分灾种气象灾害风险图，划分暴雨、洪涝、干旱、暴雪、黑白灾、雷电灾害等气象灾害重点防御区。

——完善气象灾害监测预警平台建设。按照气象防灾减灾的要求，形成统一业务、统一服务、统一管理的气象灾害预警平台。建成综合观测、数据处理、信息共享、预测预报为一体的气象业务系统，不断提高气象灾害精细化预警能力。气象灾害监测预警受众面达95%以上。

——推进气象灾害防御应急体系建设。以建立气象灾害防御体系为目标，逐步形成防御重大气象灾害的分级响应、属地管理的纵向组织指挥体系和信息共享、分工协作的横向部门协作体系。完善《重大气象灾害应急预案》《极端恶劣天气预测预警应急预案》《草原防扑火气象服务应急预案》等专项预案。进一步细化各部门和苏木（镇）分灾种专项气象灾害应急预案，组织开展经常性的预案演练。

——提高暴雨洪涝防御能力建设。针对可能发生的各类暴雨洪涝灾害，制定防御方案，为各级防汛机构实施指挥决策和防洪调度、抢险救灾提供依据，使防洪抢险工作有章可循。建立各部门协同作战机制，做到发生防御标准内暴雨洪涝不出险、不失事，确保203省道、阿日哈沙特口岸公路等重要交通干线的安全。通过科学调度和全力抢险，确保重要水利工程的安全，避免人员伤亡，减少经济损失。

——完善城镇和区域防洪排涝措施。与现有城市规划相配套，进一步加强重点城镇防洪工程建设，不断完善中心城市100年一遇防洪标准，城镇新区建设地面标高达到有关防洪排涝要求，避免镇区内涝成灾。

——加强山洪和地质灾害防治工作。加强对严重危及人民生命财产安全的重要地质灾害隐患点实地勘查、治理或落实避让措施；开展山洪和地质灾害调查，对山洪和地质灾害进行跟踪管理，对重大工程建设项目进行山洪和地质灾害、雷击灾害危险性评估。以强化监管和动态监测为重点，巩固前期工程成果，预防和有效遏制因气象灾害引发的突发性山洪和地质灾害以及人为引发的地质灾害隐患的形成，完成其他一般防治点的防治工作。

——加强黑白灾害防御能力建设。加强有关部门对暴雪的监测和预测工作，提前1～2天提供较准确的灾害性天气落区的预报预测，逐步建立雪灾监测、预警预测、评估和发布决策系统，在雪灾发生以后，及时对灾害进行监测，收集各种信息数据，进行有效的分析和评估，主要包括各种减灾措施的风险分析、灾情分析等，为相关决策提供可靠的信息服务和决策支持。

——加强草原火灾扑救应急气象服务能力建设。提高草原火险气象等级预报的时效和精度，加强草原火险气象预报预警信息发布，完善草原火灾监测信息共享互通机制，完善草原火灾扑救应急联动机制。充分利用卫星遥感等手段，加强对草原热源、火灾火情的监测，进一步加强草原火灾扑救应急气象服务能力建设，开展草原火险预警、草原火灾遥感监测、草原雷击火防护等方面技术的研发，运用现代新技术和手段，提高草原防扑火的管理水平。

第 2 章 自然环境与社会经济背景

2.1 地理位置

新巴尔虎右旗（简称新右旗）位于祖国东北边陲（东经115°31′~117°43′，北纬47°36′~49°50′），呼伦贝尔市西部中国、俄罗斯、蒙古三国交界处。东部以乌尔逊河为界，与新巴尔虎左旗隔河相望；东北部与全国最大的陆路口岸城市满洲里毗邻，西面和南面均与蒙古人民共和国接壤，北面与俄罗斯接壤。国境线长515.4千米，其中：中蒙边界468.4千米，中俄边界48千米。

全旗南北长245千米，东西宽168.34千米，全旗总面积25 194平方千米，其中90%的土地是草场，是一个牧业大旗（图2.1）。

2.1.1 地质特征

新巴尔虎右旗地形主要由低山丘陵、高平原等地貌单元组成。地势为西北高、东南低，层状地形较明显，山脉走向与河流流向多与地质构造线相吻合，即山脉多呈东北—西南走向，呼伦湖、克鲁伦河则沿断裂带线发育。达赉湖西岸、克鲁伦河以北地貌类型属低山丘陵。海拔一般为650~1000米，最高为巴彦乌拉山，最低为阿拉善查干诺尔一带。北、西、西北和西南为中蒙毗邻的低山丘陵，与蒙古高原相连，南部为平原。

新巴尔虎右旗土地总面积2 483 946.8公顷，其中农用地面积2 215 454.3公顷，建设用地面积3223.3公顷，其他土地面积约265 269.2公顷。土地利用主要以经营草原畜牧业为主。草场总面积为230.07万公顷，其中有效草场面积为204.6万公顷（图2.2）。

第 2 章 ◆ 自然环境与社会经济背景

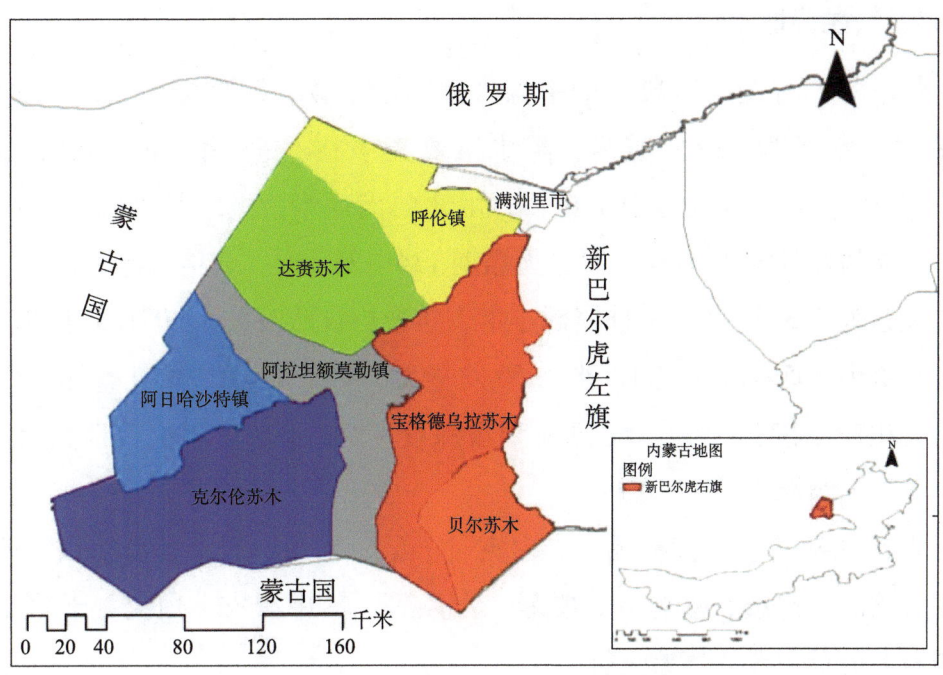

图 2.1　新巴尔虎右旗地理位置

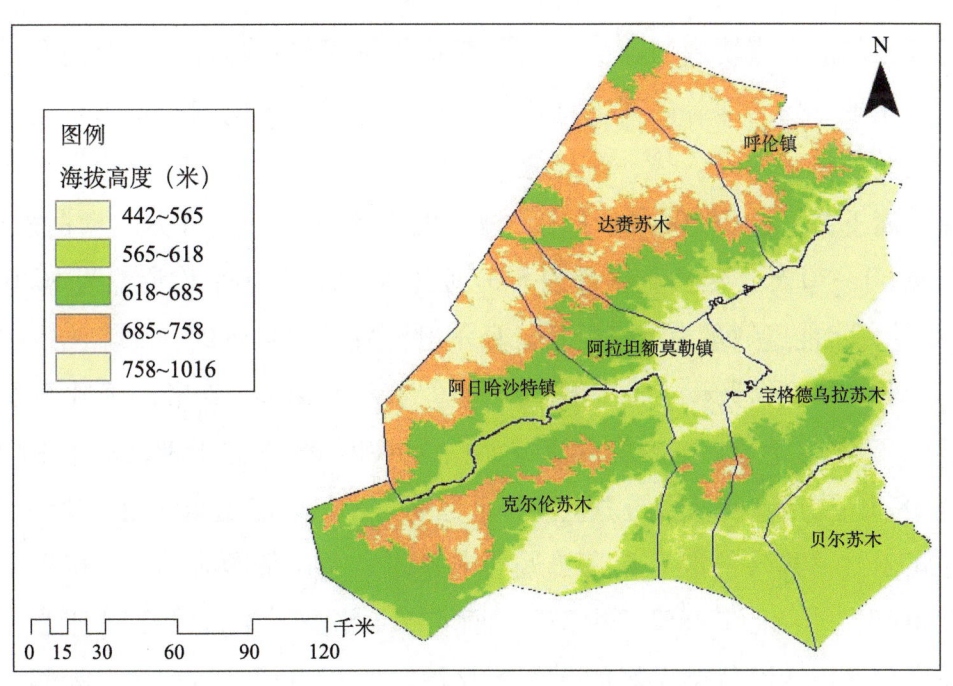

图 2.2　新巴尔虎右旗地形分布图

2.1.2 气候特征

新巴尔虎右旗属于典型的中温带大陆性气候，四季分明，多风少雨，年平均降水量为243.9毫米，降水主要集中在6—8月，占年降水量的34%～90%，年平均气温为1.6 ℃，由北向南递增，极端最高气温为42.5 ℃，极端最低气温为-40.1 ℃，无霜期134～214天。全年盛行西北风，年平均风速为3.3米/秒。光能资源丰富，年平均日照时数为3031.3小时，年辐射总量为5655.11兆焦耳/米^2。蒸发量大，年平均为1639.4毫米，年平均空气相对湿度为59%。年最大积雪深度为20厘米，年积雪日数为112天，年平均雪深为8～14厘米。

本旗主要气象灾害有黑灾、白灾、干旱、暴雨、寒潮、白毛风、低温冷害、霜冻、冰雹、沙尘暴、雷暴、大风等，其中黑灾、白灾、干旱是影响农牧业的最主要的气象灾害。

2.1.3 水文特征

新巴尔虎右旗境内河流少，主要有克鲁伦河和乌尔逊河，湖泊有呼伦湖、贝尔湖、乌兰泡等。其中克鲁伦河发源于蒙古国境内肯特山东麓，在中游乌兰恩格尔西端入境，流经蒙古国中部地带，然后注入呼伦湖。在本旗境内属下游，全长206.44千米，流域面积5486.3平方千米，河曲发育，河床宽60～70米，年径流总量为5.37亿立方米，多年平均流量为16.6立方米/秒，水能蕴藏量为1亿千瓦。乌尔逊河发源于贝尔湖，北流注入呼伦湖，全长223.28千米，河床宽60～110米，水深2～3米，流域面积为10 528.27平方千米。本旗境内流域面积为4140.08平方千米，多年平均流量为18.1立方米/秒，径流总量为5.7亿立方米，水能蕴藏量约6000千瓦。乌兰诺尔（又称乌兰泡）系乌尔逊河中游的一个长条形滞洪区，位于东经117°30′53.39″、北纬48°21′34.27″，面积33.3平方千米，周长35千米，是呼伦湖、乌尔逊河鱼类良好的天然孵化池，盛产芦苇，是大雁、天鹅、野鸭等的繁殖场所。

呼伦湖俗称达赉湖，位于新巴尔虎右旗、新巴尔虎左旗和满洲里市之间，是内蒙古自治区第一大湖、中国第五大湖，略呈东北—西南向不规则的斜长方形。湖长93千米，最大宽度为41千米，平均宽度为32千米，周长为447千米。贝尔湖是哈拉哈河与乌尔逊河的吞吐湖，为中蒙界湖，湖呈椭圆形，湖长40千米，宽20千米，湖水面积约608.78平方千米。其中大部分在蒙古国境内，仅西北部40.26平方千米为中国所有。贝尔湖主要是集纳自东南流来的哈拉哈河水而成的湖泊，乌尔逊河从北面把它与呼伦湖连通起来。平均水深8米，湖心最深处约50米。此外，全旗尚有近200个水泡子，多为季节性的，也是牧业用水的辅助资源。

乌兰诺尔水库位于贝尔苏木境内，水库初步形成于20世纪70年代，曾因引水条件改变于20世纪90年代干涸，水库于1996年5月开工修复，1997年6月竣工恢复蓄水（图2.3）。

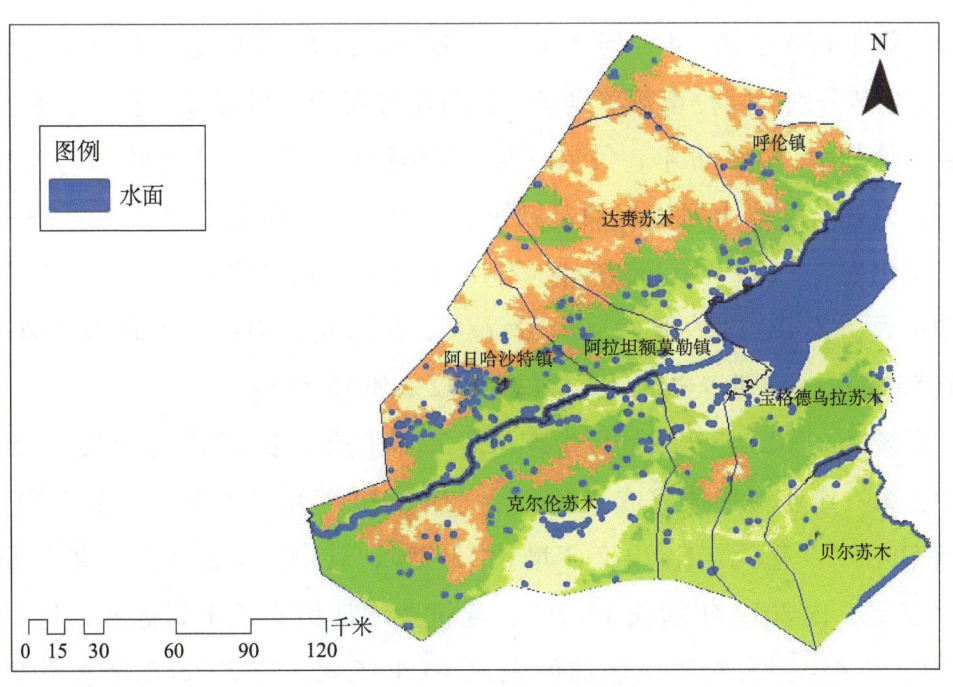

图2.3 新巴尔虎右旗河网分布图

2.1.4　土壤与植被特征

新巴尔虎右旗境内土壤分为 7 个土类、14 个亚类、25 个土属。境内低山丘陵及高平原地带主要分布的是栗钙土，草甸土零星分布于丘陵低平地、河漫滩等。全旗的植被类型及分布与气候条件和土壤条件相关，野生植物有 66 科、232 属、472 种。其中，饲用植物有 44 科、152 属、297 种，分别占野生植物的 67%，66% 和 63%。本旗境内药用植物共有 150 余种，其中常用药材有甘草、车前草、草乌头、百里香、防风、玉竹、龙胆草、狼毒、黄芪、柴胡、黄芩等几十种。纤维植物主要有芦苇，可造纸，分布在本旗境内的乌尔逊河和克鲁伦河流域。食用植物有野韭菜、多根葱（塔那）、薇菜、芒根、曲麻、哈拉海等几十种。

2.2　经济社会发展概况

全旗下辖 3 个镇、4 个苏木和 1 个牧场，共 51 个嘎查、7 个居民委员会。3 个镇分别为阿拉坦额莫勒镇、阿日哈沙特镇、呼伦镇，4 个苏木分别为克尔伦苏木、达赉苏木、贝尔苏木、宝格德乌拉苏木，1 个牧场为敖尔金牧场。旗政府驻地为阿拉坦额莫勒镇。阿拉坦额莫勒镇是全旗的经济、政治、文化中心。按户籍口径统计，2013 年末全旗总户数 14 864 户，总人口 35 201 人，其中：非农业人口 18 947 人。在总人口中：蒙古族 28 906 人，汉族 5521 人，分别占全旗总人口的 82.12% 和 15.68%。

据统计，2013 年实现地区生产总值 72.9 亿元，比 2012 年增长 12.3%，其中：第一产业增加值完成 4.6 亿元，比 2012 年增长 5.5%；第二产业增加值完成 57.9 亿元，比 2012 年增长 13.7%，其中，全部工业增加值完成 56.7 亿元，比 2012 年增长 13.7%，建筑业增加值完成 1.2 亿元，比 2012 年增长 14.4%；第三产业增加值完成 10.4 亿元，比 2012 年增长 6.9%。2013 年人均生产总值达 206 798 元（折合 33 918 美元），按可比价格计算，比 2012 年增长 12.7%。2013 年，新巴尔虎右旗城镇居民人均可支配收入达 19 232 元，比 2012 年增长 10.2%，其中工资性收入 16 839.9 元，比 2012

年增长12.6%。人均消费性支出为16 980.6元，比2012年增长0.4%。牧民收入大幅增长，2013年牧民人均纯收入达14 420元，比2012年增长15.2%。人均生活消费支出17 732元，比2012年增长46.6%。

2013年全年实现农林牧渔业总产值（现价）75 885.5万元，按可比价格计算比2012年增长5.5%，实现农林牧渔业增加值45 965万元，按可比价格计算比2012年增长5.5%。

畜牧业是新巴尔虎右旗的支柱产业之一，2013年末牲畜存栏1 284 211头（只），比2012年增长2.6%。在年末大小牲畜实有头（只）数中，能繁殖的母畜为993 545头（只），比2012年增加73 116头（只），增长7.9%，母畜比重为77.4%，比2012年增长3.9个百分点。

第3章 气象灾害防御现状

3.1 防御工程现状

新巴尔虎右旗防洪工程设施主要有水库、城市排涝工程等。镇西和镇北排洪沟于2000年竣工。镇西排洪沟为浆砌石梯形断面，沟底宽5米，边坡1∶1，沟深1.5米。镇北排洪沟同样为浆砌石断面，沟底宽10米，边坡1∶1.5，沟深1.6米。排洪沟口未设导引建筑物，洪水直接入沟，由于沟道断面较小，每遇大洪水，必然造成洪水出槽，淹滩漫路。排洪沟于2000年建成，2002年的洪水就对排洪沟造成严重破坏，部分沟道被冲毁，大部分沟道淤积。乌兰诺尔水库为平原区湖泊型引水水库，工程规模为中型，总库容4048万立方米，防洪标准为20年一遇洪水设计、100年一遇洪水校核，水库死水位为558.4米，死库容为1750万立方米，兴利水位为559.1米，兴利库容为1800万立方米，校核洪水位为559.28米，防洪库容为498万立方米。

3.2 非工程能力减灾现状

在旗委、旗政府的领导下，认真贯彻落实党中央、国务院和呼伦贝尔市政府"提高应对极端气象灾害的综合监测预警能力、抵御能力和减灾能力"的要求，加强对气象灾害防御工作的组织领导。近年来，对气象灾害防御的重视程度和支持力度进一步加大，以人为本、关注民生、减灾增效的防灾减灾理念日益坚定；科学防灾、综合减灾的防灾减灾思路日益强化；广大人民群众的防灾意识和防灾知识水平明显提高。全旗气象灾害防御能力总体上有较大提高，气象灾害防御的效益显著。

气象灾害监测预报能力稳步提升。依托气象卫星、天气雷达等业务指导产品，初步建成较完整的业务体系。以自动气象站为主的监测工程建设已初具规模，分布在全旗的11个自动气象观测站每5分钟发回一次监测数据，有效提高了全旗的气象灾害监测能力。近年来，新巴尔虎右旗完成的区域自动气象站共有9个，其中有8个4要素自动气象站，1个2要素自动气象站，自动气象站一般每小时传一次数据，加密观测理论上可以每分钟传一次数据。新右旗7个苏木（镇）自动气象站实现全覆盖。增强了对草原火灾、强对流、风雹灾害、暴雨洪涝等灾害性天气的监测、预警和临近预报服务能力；建成了连接国家、自治区、市及各旗（市）气象台站的视频天气会商系统，初步实现了气象信息资源的共享；全旗目前有人工影响天气作业点7个，其中标准化人工影响天气作业点1个，移动作业点6个。有力地提升了全旗气象防灾减灾服务能力，现代化设备和先进技术在气象防灾减灾中发挥了重要作用。

气象灾害预警信息覆盖面与服务面不断拓宽。坚持公共气象服务向苏木（镇）和嘎查（村）延伸，为农服务与防灾减灾两个体系建设初见成效，通过书面报告、手机短信、门户网站、飞信、电视台、调频电台、电子滚动显示屏、预警收音机等多种形式广泛应用于气象预警信息发布。建立了气象助理员和信息员、家庭牧场、牧民专业合作社、各苏木（镇）和嘎查（村）领导及种养殖大户电话号码信息库，安装气象预警信息显示屏16块、气象预警大喇叭10个，发放气象预警收音机123部，形成覆盖全旗的气象信息传播网络。

气象防灾减灾服务能力日渐提升。气象服务领域大幅度拓展，气象防灾减灾服务深入到农、牧、林等多个行业，气象服务产品精细化程度明显提高，气象已成为各级党委、政府指挥防灾减灾工作的第一道防线。

气象灾害防御机制初步建立。逐步建立"旗（县）—苏木（镇）—嘎查（村）"三级领导机制和各级灾害应急预案，并纳入地方考核体系，实现了"两个体系"建设"六有"：有组织机构、有预案、有人员、有设备、有效益、有奖惩，提升了应对气象灾害能力，为嘎查（村）稳定、牧业增产、牧民增收做好服务。气象信息员队伍建设初具规模，各镇街（地区）及行政村均配备 1 名信息员，负责气象预报预警信息的接收和分发，负责当地气象灾情的收集和上报。气象灾害防御工作社会化管理水平和社会主动防灾意识明显提升。

气象科普宣传不断深入。加强科普基地、信息显示屏建设。积极开展气象科普进农村、进社区、进学校、进企业等活动，利用世界气象日、科普宣传日、科技周等重要时段，以发放气象科普书籍、宣传彩页等形式，宣传和讲解气象防灾、减灾知识，提高全民的气象防灾减灾意识，使公众掌握气象灾害的主要特点，普及气象灾害救护措施，增强公众避险、自救、互救能力。

气象灾害防御政策法规日趋完善。新巴尔虎右旗政府印发了《新巴尔虎右旗人民政府办公室关于进一步加强全旗气象灾害防御工作的通知》，出台了《气象探测环境保护专项规划》等，为加强气象防灾减灾工作提供了法制保障。

3.3　存在的主要问题

随着气象灾害监测预报水平的不断提高，旗党委、政府和各苏木（镇）党委、政府防灾抗灾组织能力不断增强，气象灾害造成的人员伤亡明显减小，抗灾减灾的经济成本和社会负担有效减轻，但面对经济社会发展的迫切要求，新巴尔虎右旗的气象灾害防御仍存在以下薄弱环节：

——全社会气象灾害综合防御体系不够健全。"政府主导、部门联动、社会参与"的气象灾害防御体系建设还不到位。气象灾害防御布局不尽合理，国民经济重点行业和主要战略经济区的气象灾害易损性增大，气象灾害造成的损失日益加重。部门联合防御气象灾害的机制不健全，部门间信息共享不充分，社区、乡村等基层单位防御气象灾害能力弱，缺乏必要的防灾知识培训和应急演练，全社会综合防灾体系不完备。

——气象灾害防御方案和应急预案不够完善。气象灾害综合监测预警能力、预报精细化程度、预报准确率仍不能满足气象灾害防御需求，道路状况、航道大风、雾以及山洪、地质灾害等的监测能力仍然不足。气象灾害监测预警防御和应急救援能力与经济社会发展和人民生命财产安全需求不相适应的矛盾日益突出，气象灾害防御的形势更加严峻。

——气象灾害预警发布能力有待进一步提高。气象灾害预警信息传播尚未完全覆盖广大农村和偏远地区，"最后一公里"问题仍是目前"三牧"服务的"瓶颈"。

——对重大气象灾害的防御能力仍显不足。随着城市化进程加快，重点工程建设的气象灾害风险评估尚未全面开展，气候可行性论证对城乡规划编制工作的支撑仍显不足。一些建筑活动对防灾减灾工程或防灾体系造成了影响和破坏，致使防灾减灾工程难以充分发挥效用，防御重大洪涝的能力较为薄弱。人工增雨、雷电防御等气象服务能力还难以满足防灾减灾和生态旗建设的需求。

——基层和公众气象灾害主动防御能力不足。社会减灾意识不强，防灾减灾法规不健全，缺乏科学的气象灾害防御指南，气象灾害防御知识培训不够普及，防灾减灾综合能力薄弱。

3.4　面临的挑战

"十二五"时期，新巴尔虎右旗气象灾害防御工作取得了很大成绩，气象灾害防御能力有了较大提高，但是，面对全球气候变化和气象灾害频发易发的趋势，气象灾害监测预警、防御和应急救援能力与经济社会发展和人民安康福祉需求不相适应的矛盾突出，气象灾害防御形势更加严峻。

（1）构建社会主义和谐社会对气象灾害提出更高要求

以人为本、全面协调可持续发展，对气象灾害防御的针对性、及时性和有效性提出更高要求，尤其是如何科学防灾、依法防灾，最大限度地减少灾害造成的人员伤亡和经济损失，最大限度地减轻防灾经济成本和社会负担，成为气象灾害防御亟待解决的问题。

（2）随着全球气候变化，极端天气气候事件发生频率加大

新巴尔虎右旗干旱、暴雨洪涝、暴雪、寒潮等气象灾害频繁发生，不

仅灾害种类多，而且发生范围广、程度深、危害大，对工农业生产以及人民生命财产安全影响加大。近年来，气象灾害对牧业生产的影响，虽年际间有波动，但总体呈加重趋势。同时，气候变化导致草原鼠害发生规律出现诸多新变化，对牧业生产构成极大威胁。受污染物排放、城市建设等的影响，大气气溶胶含量增加，雾、霾以及酸雨、光化学烟雾等事件也呈增多、增强趋势，对气象灾害防御提出了新的挑战。

（3）气象灾害对经济社会安全运行和人民安康福祉构成更加严重威胁

新巴尔虎右旗经济快速发展，社会财富大大增加，人民生活水平显著提高，气象灾害对经济社会安全运行和人民安康福祉构成更加严重威胁。气象灾害对牧业、水利、林业、渔业、环境、能源、建设、交通运输、电力、通信等行业的影响程度越来越大，造成的损失越来越重，严重威胁着这些国民经济重点行业的安全运行。同时，气象灾害、气候变化及其伴生的水资源短缺、大气环境质量变差等问题都给经济社会发展和人民安全福祉带来更加严重的影响。

（4）要加强公共气象服务能力建设

提高气象灾害应急服务、风险管理、预警信息发布、雷电灾害防御、人工影响天气、专业气象监测等基层公共服务能力。加快农业气象服务体系和嘎查（村）气象灾害防御体系建设融入式发展，持续推进气象为"三牧"服务长效机制建设，扩大基层公共气象服务覆盖面，提高面向生产一线的牧业气象服务能力。

第4章 气象灾害时空分布特征

4.1 暴雨洪涝时空分布

洪涝灾害是指通常所说的洪灾和涝灾的总称，它是由一次短时或连续的强降水过程致使江河洪水泛滥、淹没农田和城乡或因长期降雨等产生积水或径流、淹没低洼土地，造成农牧业或其他财产损失和人员伤亡的一种灾害，是新巴尔虎右旗发生比较频繁，危害比较严重的一种气象灾害。大多数情况下，洪涝灾害都是由于降雨量过大造成，尤其是严重的、大范围的洪涝灾害都是由暴雨、特大暴雨或持续大范围暴雨天气造成。

降水量主要集中在主汛期（7—8月），常有强度大，时间短，范围小的暴雨、大雨出现。暴雨、大雨或连续性降水天气过程，会引起山洪、河流水位上升，发生洪涝灾害。

判定洪涝的标准较多，在气象部门日常业务中，多半用降水距平百分率作为划分旱涝的指标（表4.1）。结合新巴尔虎右旗的洪涝灾情实际，判定新巴尔虎右旗发生偏涝的年份为1973，1979，1988，1994，1997，2013和2014年共计7年，频率占13.0%；发生大涝的年份有1974和1993年共计2年，频率占3.7%；发生重涝的年份有1984，1990和1998年共计3年，频率占5.6%（表4.2）。

以24小时降水量≥50毫米作为暴雨的标准，统计新巴尔虎右旗气象观测站1961—2014年54年中出现暴雨的总次数为13次，分别出现在1973，1974，1976，1977，1979，1984，1988，1990，1997和1998年，其中1998年多次出现暴雨。从月际变化来看（图4.1），1961—2014年新巴尔虎右旗全年除了6—8月出现暴雨外，其余各月份都未出现。

表 4.1 降水距平百分率（M）的旱涝等级

降水距平百分率	旱涝类型
$M \geqslant 75\%$	重涝
$50\% \leqslant M < 75\%$	大涝
$25\% \leqslant M < 50\%$	偏涝
$-25\% < M < 25\%$	正常
$-50\% < M \leqslant -25\%$	偏旱
$-75\% < M \leqslant -50\%$	大旱
$M \leqslant -75\%$	重旱

表 4.2 新巴尔虎右旗旱涝分级判定

综合旱涝级别	年份	气候概率（%）
大旱	1981，1986，2000，2001，2005	9.3
偏旱	1968，1972，1980，1992，1995，2003，2004，2006，2010，2011	18.5
正常	1961，1962，1963，1964，1965，1966，1967，1969，1970，1971，1975，1976，1977，1978，1982，1983，1985，1987，1989，1991，1996，1999，2002，2007，2008，2009，2012	50.0
偏涝	1973，1979，1988，1994，1997，2013，2014	13.0
大涝	1974，1993	3.7
重涝	1984，1990，1998	5.6

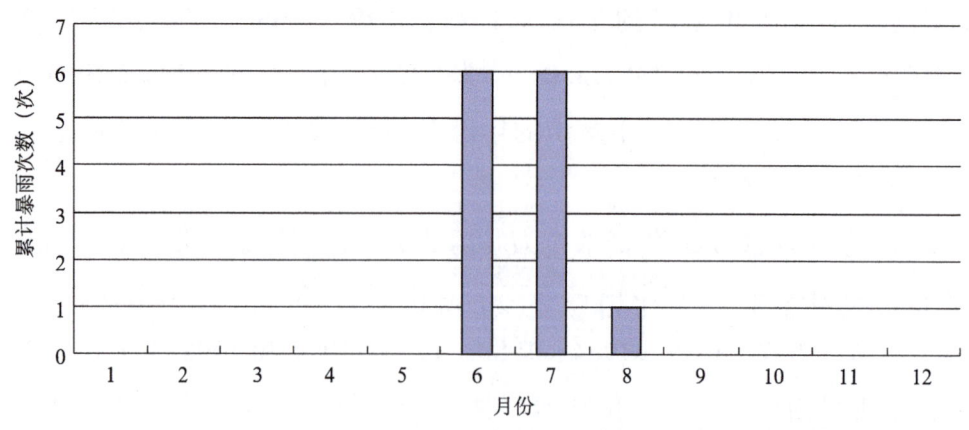

图 4.1 新巴尔虎右旗暴雨次数月际变化

新巴尔虎右旗暴雨洪涝危险性等级的空间分布如图4.2所示，北部地区暴雨强度最大，西部和西南部次之，东部地区暴雨强度相对弱。

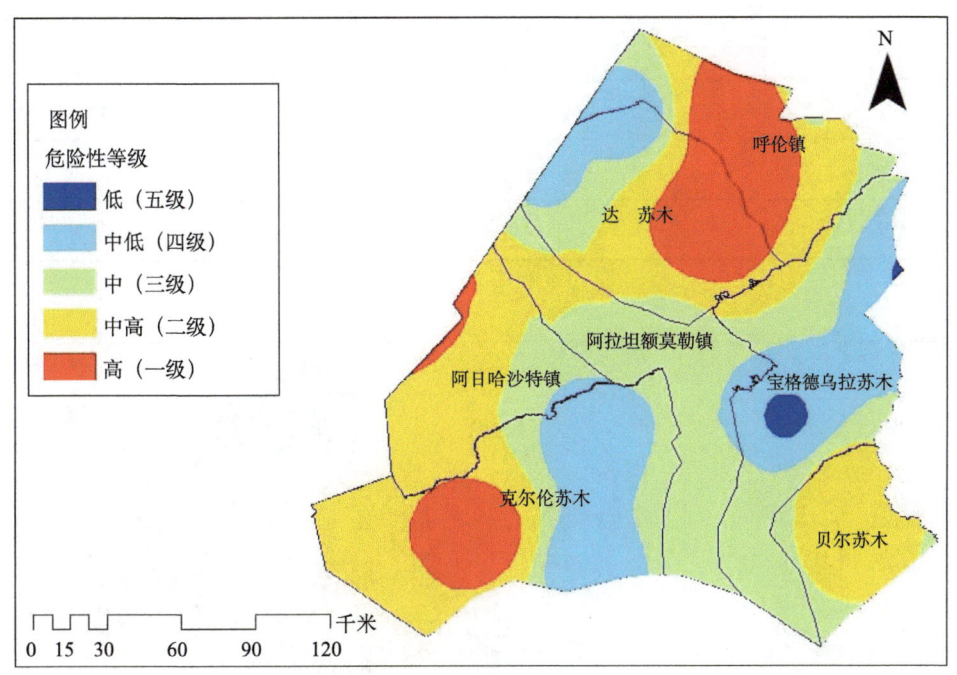

图4.2　新巴尔虎右旗暴雨洪涝危险性等级空间分布

4.2　干旱时空分布

干旱，是指在无灌溉条件下长期无雨或少雨、空气干燥，土壤和大气供水不足，导致作物和草木受害的现象。干旱是新巴尔虎右旗发生最频繁、危害最重的气象灾害。

新巴尔虎右旗干旱灾害频繁，干旱程度也有所不同。经统计，新巴尔虎右旗干旱发生的气候概率为27.8%，其中大旱5年、偏旱9年。从月降水量距平百分率统计数据得出：5，8和9月出现旱情频率较高；7和8月是降水的丰沛期，出现重旱的概率较低（表4.3）。

新巴尔虎右旗干旱的危险性等级空间分布如图4.3所示，中部草原和西南部草原地带干旱的危险性最高，北部地区干旱的危险性最小。

表 4.3　干旱次数月统计表　　　　　　　单位：次

月份	偏旱	大旱	重旱
5	10	6	13
6	7	9	7
7	5	9	3
8	12	11	5
9	8	11	6

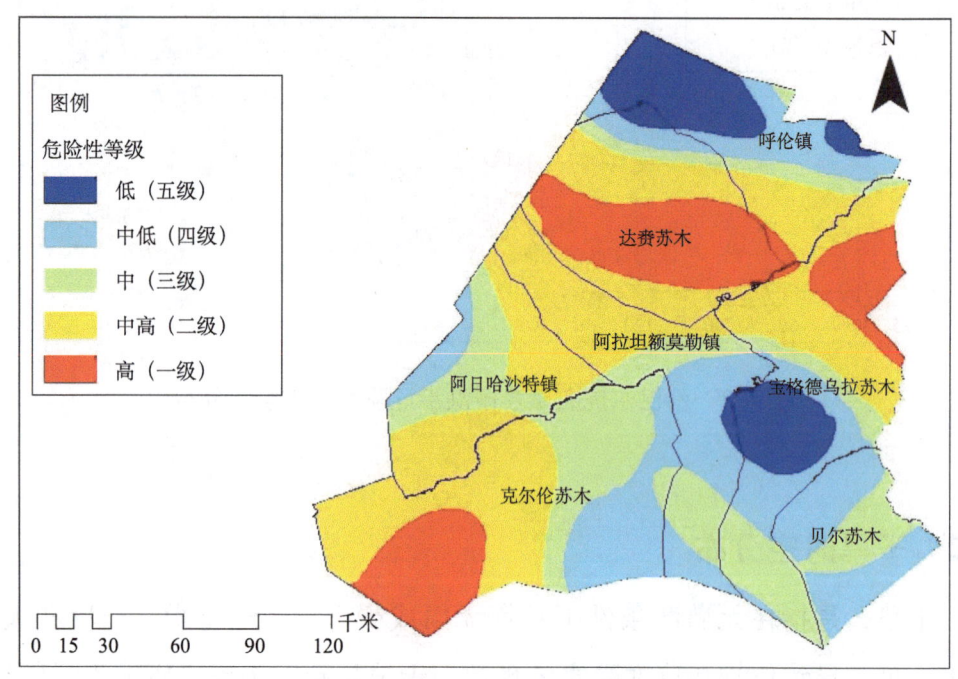

图 4.3　新巴尔虎右旗干旱危险性等级空间分布

4.3　雷电时空分布

在气象学中，雷暴是指由于强积云引起的伴有雷电活动和阵性降水的局地风暴；在地面观测中仅指伴有雷鸣和闪电的天气现象。

雷电灾害是"联合国国际减灾十年委员会"公布的最严重的十种自然

灾害之一。雷电以其巨大的破坏力给人类社会带来惨重的灾难，尤其是近几年随着电子技术、网络技术、信息技术的广泛应用，城镇高层建筑物的日益增多，雷电灾害的影响范围越来越广，危害程度越来越重，造成的损失及社会影响越来越大，对国民经济造成的危害日趋严重。

新巴尔虎右旗年平均雷暴日数为17.2天，根据中国气象局有关雷暴日数等级划分规定，属于少雷区。雷暴日数历年分布不均，最多年雷暴日数为30天，出现在1966年；最少雷暴日数为7天，出现在2004年（图4.4）。雷暴日数各年的分布波动比较明显，以年代为单位呈现出了波动的变化，20世纪60年代雷暴日数较多，70年代开始下滑，80年代波动上升，90年代再次下降，21世纪后又逐渐增多。

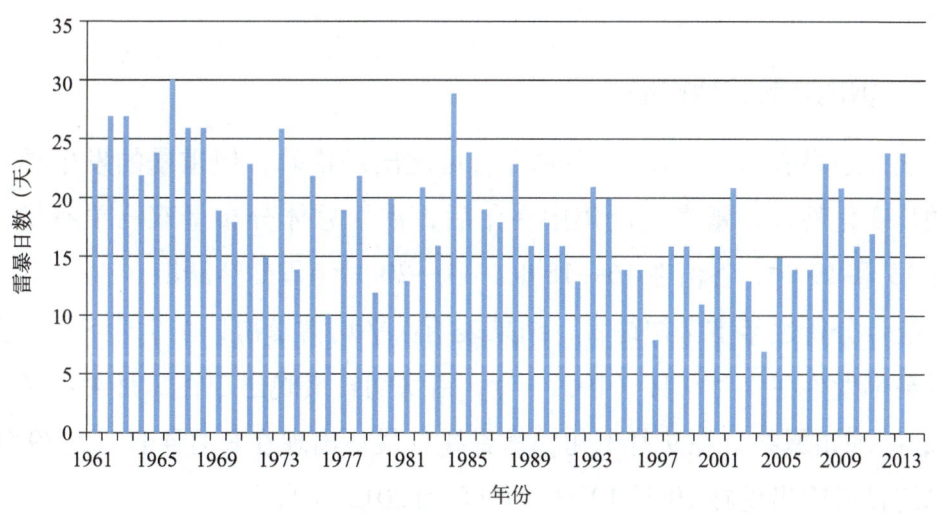

图4.4　新巴尔虎右旗雷暴日数年际变化

（2014年取消了人工观测，故无资料）

4.3.1　雷暴气候特征

雷暴具有明显的季节性特点，集中出现在5—9月这5个月中，夏季雷暴出现频率最高。雷暴日数月分布很不均匀（图4.5），雷暴只发生在4—10月，主要发生在5—9月，从5月开始雷暴日数逐月增多，7月达到最高值，之后逐月减少。6—8 月是雷暴多发期，7 月雷暴最多，8 月次之，6 月第三。

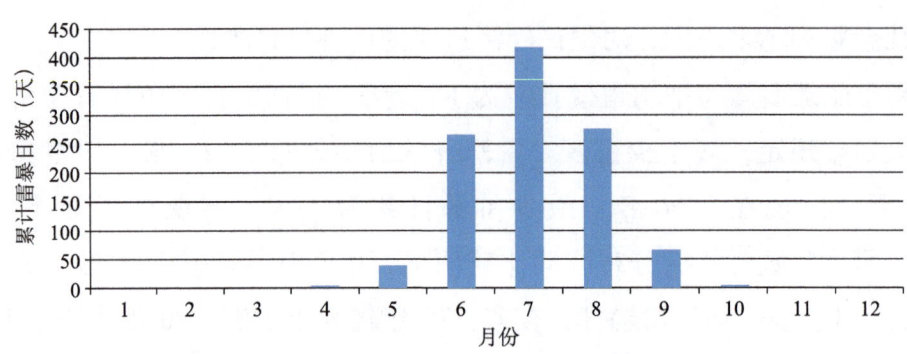

图 4.5　1961—2014 年间新巴尔虎右旗雷暴日数月分布

4.3.2　雷电日数其他特征

统计结果表明，一日 24 小时都有可能出现雷暴，但雷暴的发生具有明显的日变化特征，雷暴高度集中在午后，雷暴总体分布呈双峰单谷型，峰值在 15 和 19 时，谷值在 16—18 时，11—20 时为雷暴活跃期。

统计分析逐年雷暴初终日，结果表明：平均雷暴初日在 5 月下旬，雷暴初日最早发生在 4 月 9 日（1981 年），雷暴初日最晚出现在 7 月 4 日（1996 年）；平均雷暴终日在 9 月下旬，雷暴终日最早出现在 8 月 4 日（1979 年），雷暴终日最晚出现在 10 月 12 日（1998 和 2012 年）。

4.3.3　闪电气候特征

闪电次数的年分布与雷暴日数的年分布配合良好，均呈现出波动状的规律变化，20 世纪 60 年代是闪电的高发期，曾连续三年每年有 40 次或以上的闪电出现，年闪电次数出现最多为 43 次，出现在 1963 和 1964 年，而从 1970 年开始，闪电的次数明显减少，再没有突破 25 次的上限，2000 年前后，年闪电次数均在 10 次以下（图 4.6）。

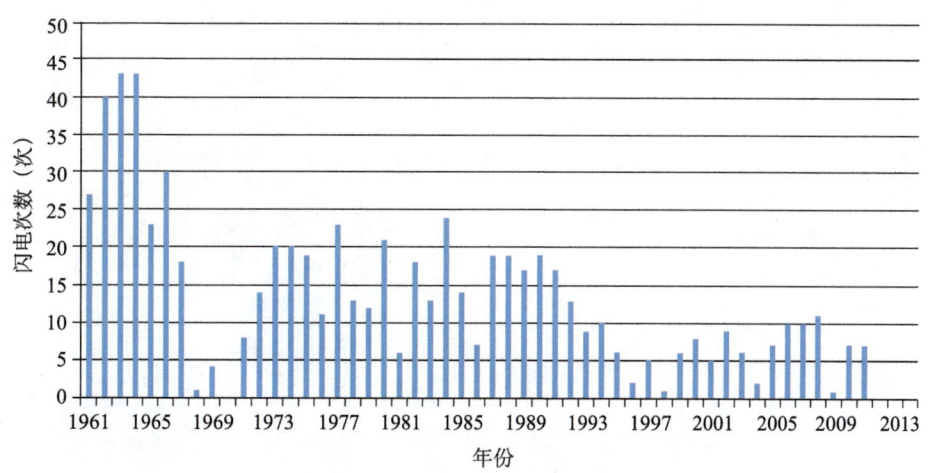

图4.6 新巴尔虎右旗闪电次数年际变化

在本统计的有效时段内,闪电的现身期是4—10月,其中夏季当然是闪电的高发期,7月累计达到260次,其次是8月份,多年累计有208次(图4.7)。闪电的高发期同样具有明显的季节性变化特征。

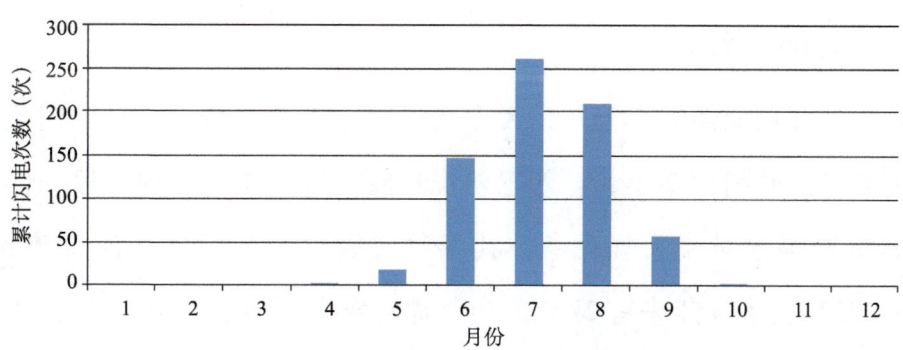

图4.7 1961—2014年间新巴尔虎右旗闪电次数月分布

新巴尔虎右旗雷电危险性等级的空间分布如图4.8所示,北部和西南部部分地区雷电危险性高,东部危险性相对较低。

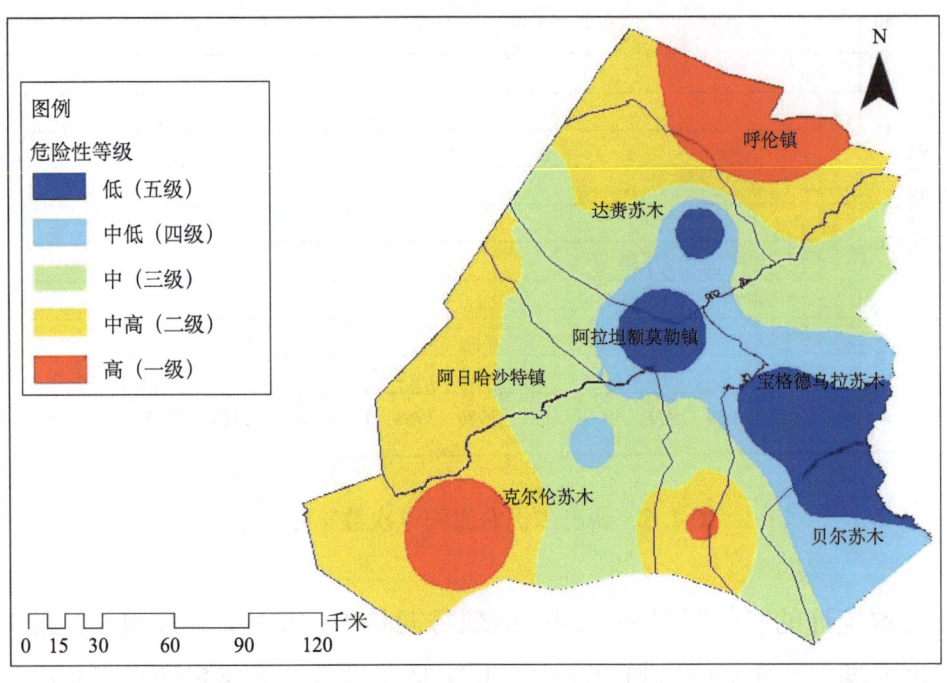

图 4.8　新巴尔虎右旗雷电危险性等级空间分布

4.4　冰雹时空分布

冰雹属于局地性灾害天气，大多数冰雹过程范围涉及几个乡镇或几个县，降雹持续时间大多不长。新巴尔虎右旗地区冰雹的出现一般均伴随有大风、雷暴等强对流天气现象，其气象成因主要与大气环流背景有关。1961—2014 年近 54 年来有 27 年发生了冰雹灾害，最多的 1987 年内发生了 6 次冰雹，还有 3 个年份出现了 4 次冰雹（图 4.9）。总体来看，冰雹灾害出现比较集中的时段是在 20 世纪 80 年代，历史极值也是出现在这段时间，从 20 世纪 90 年代中期开始，雹灾出现的次数明显减少，其中 1996—2001 年曾连续 6 年没有冰雹发生（图 4.9）。

从冰雹灾害次数的月分布（图 4.10）来看，冰雹的出现具有明显的季

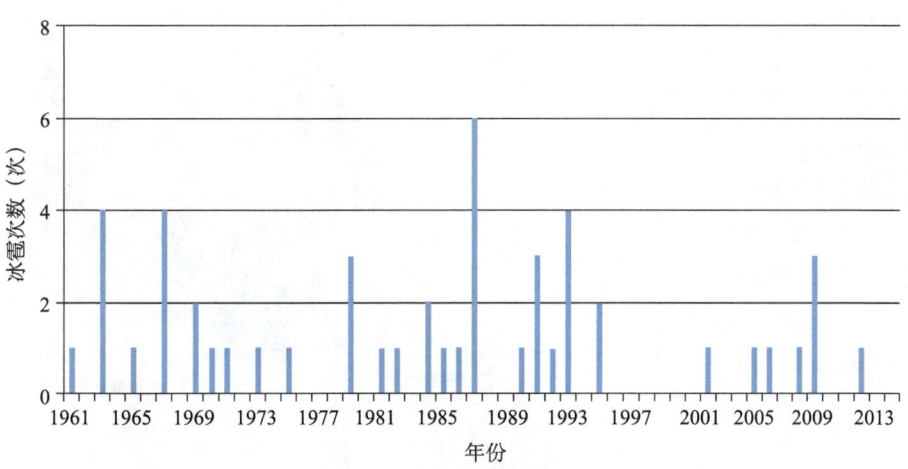

图4.9 新巴尔虎右旗冰雹灾害次数年际变化

节性，4—9月是冰雹的现身期，其中7月最多，54年中共出现了12次；9月次之，为10次；6个月中最少的是4月，历史上仅有1次冰雹发生。看来冰雹并不是只有夏季才有，春季和秋季也有可能出现冰雹的踪影。

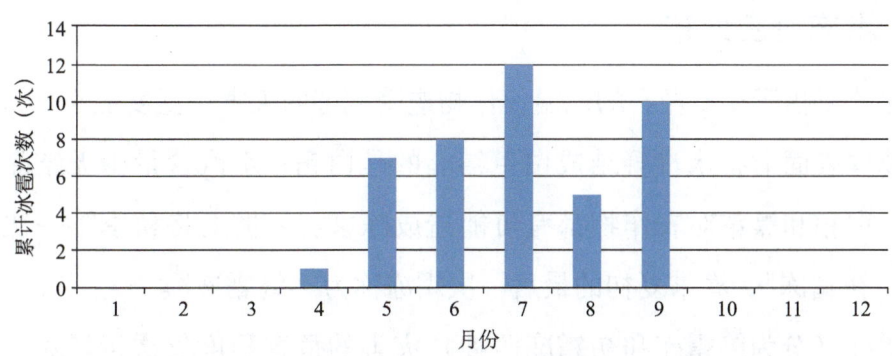

图4.10 1961—2014年间新巴尔虎右旗冰雹灾害次数月分布

新巴尔虎右旗冰雹危险性等级空间分布如图4.11所示，西南部和北部危险性大，东南部次之，中部危险性相对较低。

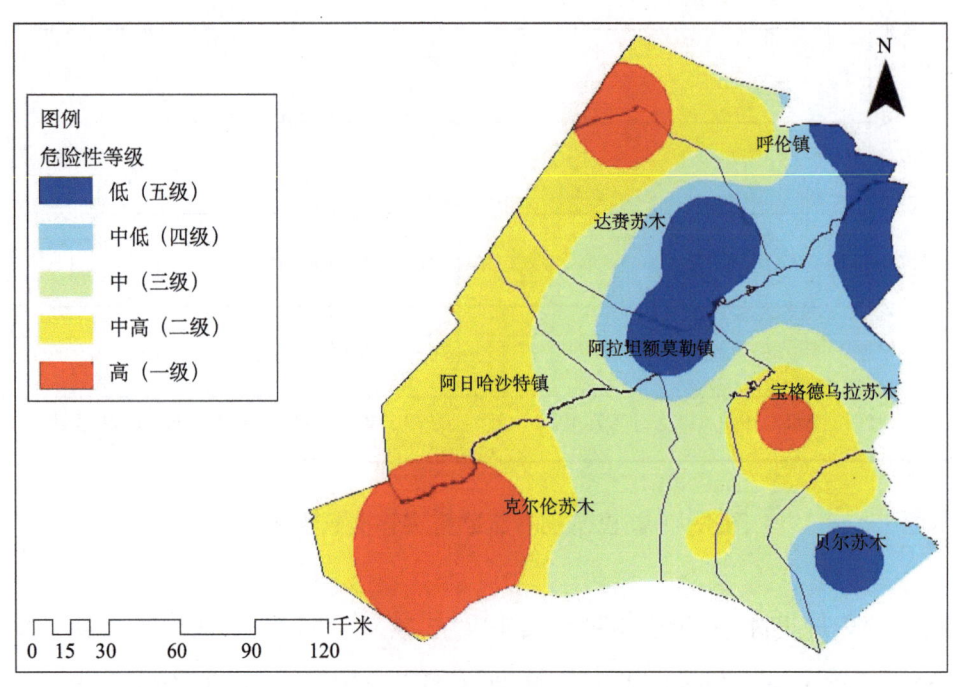

图 4.11 新巴尔虎右旗冰雹危险性等级空间分布

4.5 霜冻时空分布

霜冻是由于 0 ℃ 左右的低温使作物遭受危害的灾害。温度低于 0 ℃，地面和物体表面上有水汽凝结成白色结晶的是白霜；水汽含量少无结晶的称黑霜。白霜和黑霜对农作物都有可能造成冻害。习惯上将秋季第一次霜冻称为"初霜冻"，春末夏初的最后一次霜冻称为"终霜冻"。

霜冻（分为终霜冻和初霜冻两种）灾害的危害程度仅次于旱灾。一般来说，初霜冻的危害程度远比终霜冻的危害严重，因为终霜冻主要发生在作物苗期，尚有再恢复的可能，因而对作物生长发育及产量的影响相对较轻，而初霜冻主要发生在秋季作物成熟期之前，一旦发生，将无再恢复的可能，常造成严重减产。

以历年平均初终霜冻日期和日最低气温为霜冻指标，将新巴尔虎右旗历年霜冻情况做一统计，新巴尔虎右旗初霜冻日历年平均值为 9 月 21 日，20 世纪 60 年代、90 年代初霜冻日处在偏早期，其中最早的为 2009 年的 9 月 6 日，最晚的为 1988 年的 9 月 30 日。20 世纪 70 和 80 年代及进入 21 世纪以后初霜冻日处在偏晚期。新巴尔虎右旗终霜冻日历年平均值为 5 月 20 日，最早出现在 2013 年 5 月 2 日，最晚出现在 1974 年 6 月 12 日，54 年最早、最晚终霜冻日相差为 42 天，终霜冻日有提早趋势。统计较重等级时不再重复统计较轻等级，统计结果见表 4.4，由此表可知，新巴尔虎右旗霜冻灾害较为频繁，初霜冻灾害和终霜冻灾害出现年份的频率均超过 30%，而且只要出现霜冻灾害，一般都很重。

表 4.4 1961—2014 年新巴尔虎右旗霜冻灾害统计表

霜冻等级		年份	气候概率（%）
终霜冻	轻霜冻	无	0
	中霜冻	无	0
	重霜冻	1961，1962，1967，1968，1970，1972，1973，1974，1976，1980，1981，1985，1987，1992，1998，1999，2009，2012	33.3
初霜冻	轻霜冻	无	0
	中霜冻	无	0
	重霜冻	1965，1966，1967，1968，1969，1972，1976，1977，1979，1992，1996，1997，2006，2009，2010，2011，2013	31.5

新巴尔虎右旗霜冻危险性等级空间分布如图 4.12 所示，北部地区霜冻危险性最高，西部次之，东南部地区危险性相对较低。

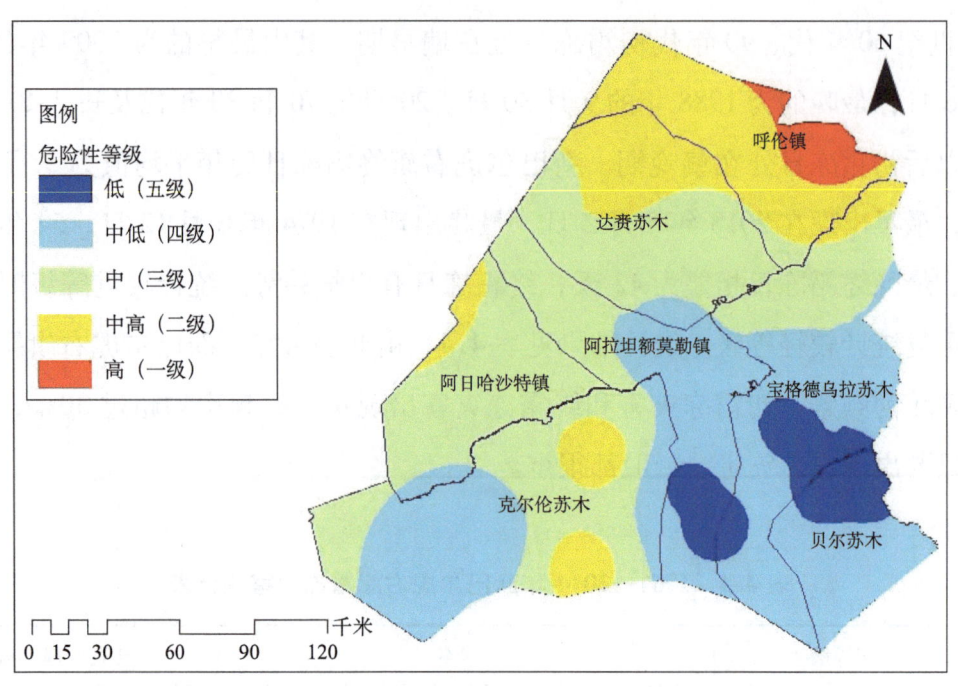

图 4.12　新巴尔虎右旗霜冻危险性等级空间分布

4.6　低温冷害时空分布

在农作物整个生育期或某个生育期间，因气温低于农作物所需的临界温度，使农作物受到直接或间接的伤害，造成生育期延迟或生理障碍而减产，这种气象灾害称为低温冷害。

以农作物生长季内日平均气温稳定通过 10 ℃ 的活动积温距平与各月平均气温距平之和作为低温冷害指数，将低温冷害划分为两个等级：轻低温冷害、重低温冷害。

根据低温冷害指数的计算，新巴尔虎右旗低温冷害统计结果见表 4.5。

由表 4.5 可以看出，新巴尔虎右旗出现低温冷害的年份较多，有三分之一左右的年份出现了低温冷害，严重的低温冷害也出现了 6 次，在 20 世纪 60 年代出现了 3 次，70 年代出现了 1 次，80 年代出现了 2 次。轻低温冷害在 20 世纪 60 年代出现了 3 次，70 年代出现了 2 次，80 年代出现了 2 次，

90年代出现了4次，自20世纪90年代中期以后，再没有出现过低温冷害。

表 4.5　新巴尔虎右旗 1961—2014 年低温冷害统计表

灾害程度	年份	气候概率（%）
轻低温冷害	1964，1965，1969，1976，1978，1982，1987，1990，1992，1993，1995	20.4
重低温冷害	1961，1962，1963，1972，1983，1989	11.1

新巴尔虎右旗低温冷害危险性等级空间分布如图4.13所示，北部是低温冷害高发区，西南部低温冷害危险性相对较低，中部和南部危险性最低。

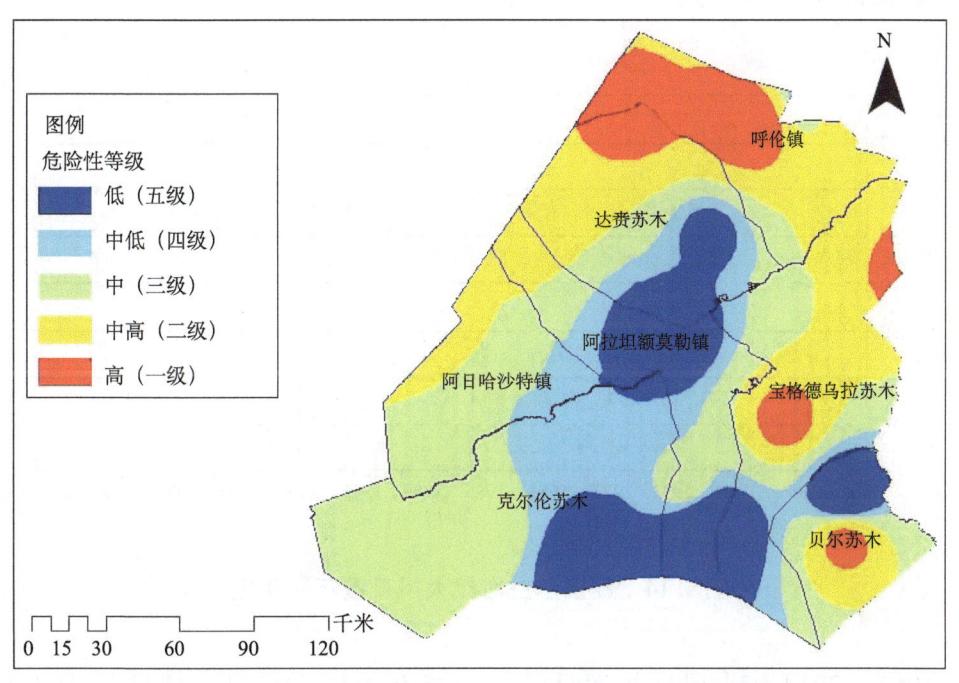

图 4.13　新巴尔虎右旗低温冷害危险性等级空间分布

4.7　大风灾害时空分布

在有强烈天气过程时，出现8级或以上大风，导致作物、土壤、交通、通信、建筑等受损的气象灾害称为风灾。受地理环境影响,风灾是新巴尔虎右旗常出现的气象灾害之一。

影响新巴尔虎右旗的大风大致可以分为冷空气大风、雷雨大风及低气压造成的大风等。冷空气大风主要出现在冬春季节,具有范围广、时间长等特点,并伴随着强降温过程;雷雨大风以春夏季为主,具有范围小、时间短、强度大、破坏严重等特点。

大风日数的年分布变化趋势比较明显,近半个世纪以来,大风的出现日数呈明显减少的趋势,年代际变化也比较明显,20世纪六七十年代大风日数偏多,80年代趋于稳定,90年代开始呈下降趋势,从1961年的最多一年出现了70天以上的大风日数,到近年的每年稳定在20天以下,大风灾害正逐渐减弱(图4.14)。

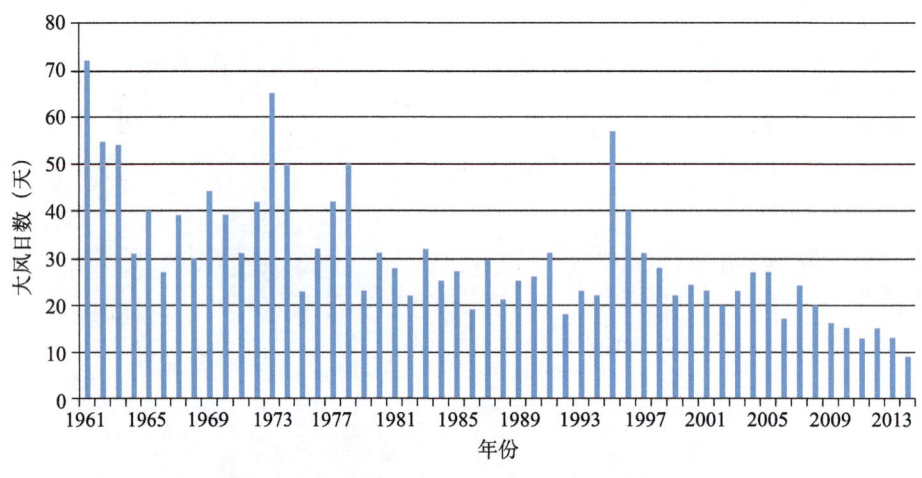

图4.14 新巴尔虎右旗大风日数年际变化

1961—2014年大风日数逐月的分布具有单峰型特征,峰区位于4和5月份。季节性分布特征比较明显,春季的3—5月绝对是大风的高发期,5月份是最易出现大风的月份,54年来共出现了382天,平均每年出现7天,寒冷的季节大风日数偏少,最少的是1月份,平均每年不到1天(图4.15)。

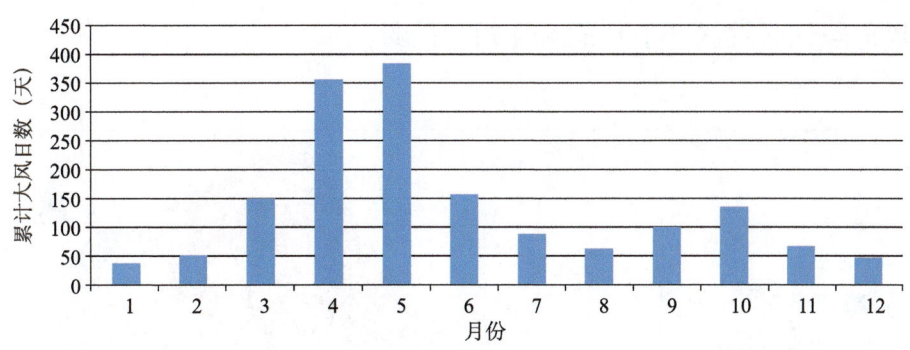

图 4.15　1961—2014 年间新巴尔虎右旗大风日数月际分布

以日平均风力和日最大风力（因 1972 年前未开展日最大风力观测，故风灾划分年份从 1972 年开始）作为风灾指数（《七种气象灾害等级》内蒙古自治区地方标准 DB15/T 462—2009），将风灾划分为轻风灾、中风灾、重风灾和特强风灾四个等级。新巴尔虎右旗出现风灾较多，主要以轻风灾为主，平均每年出现 12 天；中风灾共出现 15 天，其中 1973，1974，1977，1981 和 1995 年分别出现 2 天，1976，1978，1979，1986 和 1989 年各出现 1 天。从时间尺度上分析，20 世纪 70 年代风灾次数相对较多，80 年代轻风灾次数仅次于 70 年代，90 年代中期以后平均每年不到 10 天（图 4.16）。

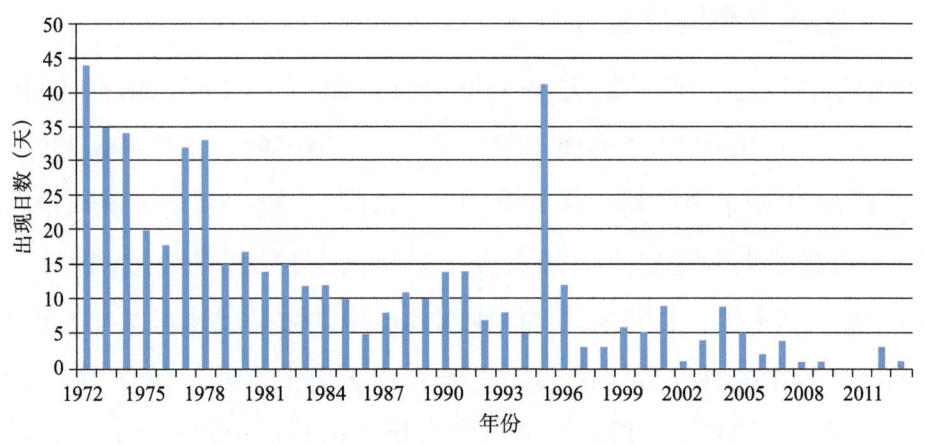

图 4.16　新巴尔虎右旗轻风灾出现日数年际变化

新巴尔虎右旗大风危险性等级空间分布如图4.17所示，北部和东南部是大风危险性高发区，中部危险性相对最弱。

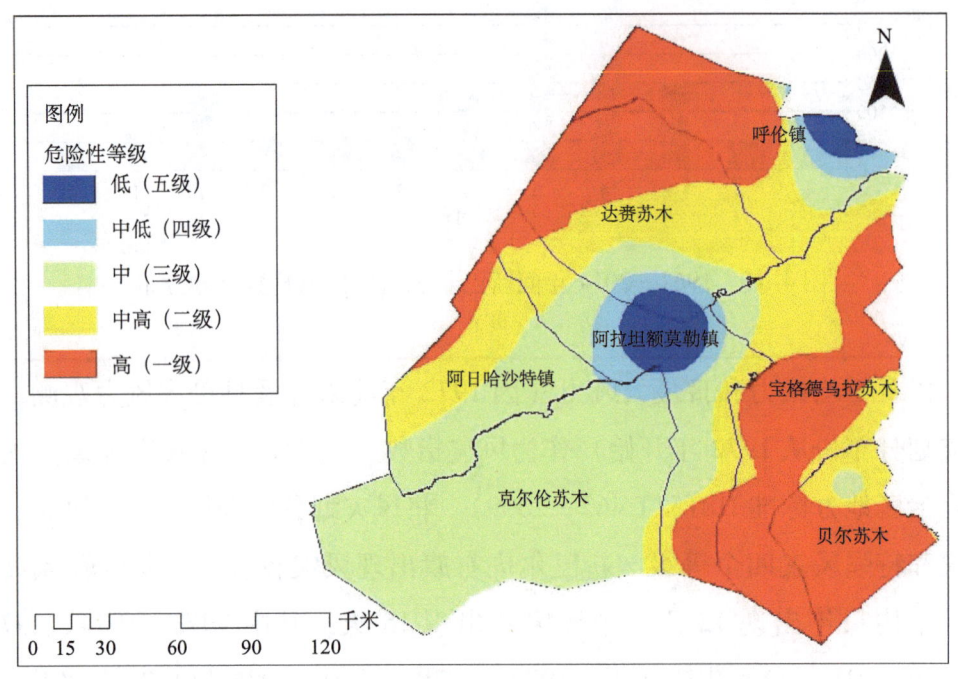

图4.17 新巴尔虎右旗大风危险性等级空间分布

4.8 沙尘暴灾害时空分布

沙尘暴无疑是几种气象灾害中发生频率最低的灾害，根据统计（图4.18），近54年来有27年出现了沙尘暴，其中最多的一年是1961年，全年共出现了10次沙尘暴；其次是2006年，出现了7次；其余年份每年都在4次以下。在统计时效内出现了两段连续多年的空档期，分别是1974—1980年和1988—1993年，总的来说，沙尘暴的出现次数呈现逐渐减少的趋势。

从沙尘暴次数月分布（图4.19）来看，历史上1月、3—7月有沙尘暴出现的记录，其他6个月没有出现过沙尘暴，在有记录的6个月中，4月最多，54年共有27次；1月最少，仅有1次记录；此外，5月也是沙尘暴的易发期，累计出现了18次沙尘暴。

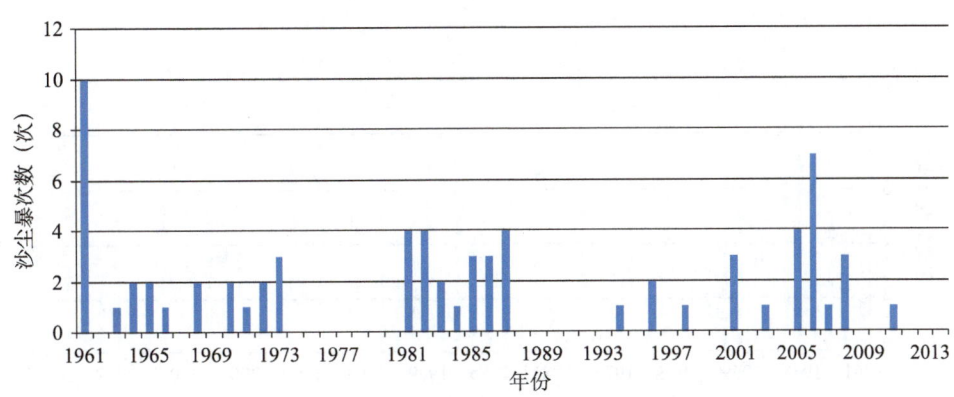

图4.18 新巴尔虎右旗沙尘暴次数年际变化

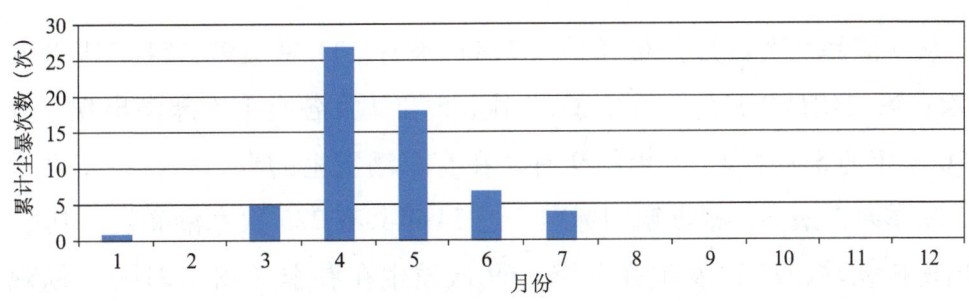

图4.19 1961—2014年间新巴尔虎右旗沙尘暴次数月分布

4.9 寒潮灾害时空分布

新巴尔虎右旗冷空气活动较为频繁，寒潮天气相对较多，强度也相对较大。我们采用国家标准，并结合本地实际，以日最低气温的下降幅度作为寒潮等级的设定标准，将寒潮分为一般性寒潮和强寒潮两类。

图4.20显示：近54年来，寒潮总体来说呈现出减少的态势，从年代际来看，20世纪60年代到70年代初这段时期的寒潮是明显偏多的，之后，寒潮的出现次数明显下降，纵使偶尔有一年9次的寒潮出现，但总体来看呈现出减少的趋势，进入21世纪后的前几年，寒潮再度逐渐增多，但从2005年开始，寒潮次数再度回落，并穿插有一整年1次的情况出现。从年际变化来看，54年中共有4个年份寒潮次数达到了9次，分别发生在1963，1965，

1977 和 1996 年，有两个年份没有出现寒潮，分别是 1973 和 1995 年。

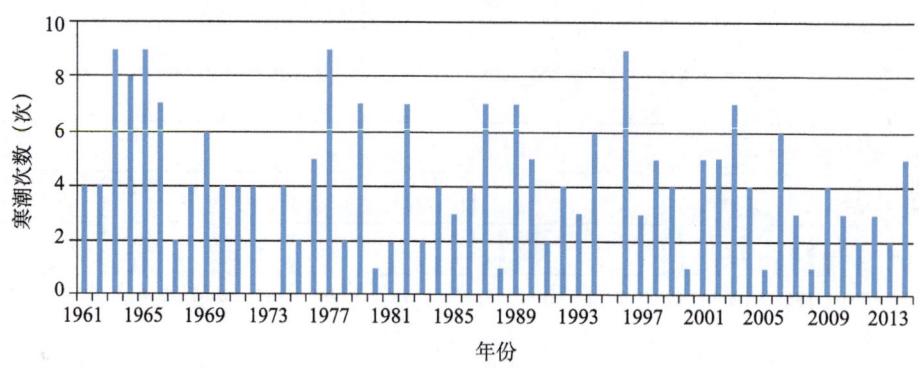

图 4.20 新巴尔虎右旗寒潮次数年际变化

从寒潮暴发次数月分布（图 4.21a）来看，11 月最多，54 年来共发生 49 次；第二位是 3 月份，发生了 37 次，5 和 9 月各有 1 次寒潮出现，分别是 2003 年的 5 月和 1977 年的 9 月。在有寒潮发生的春、秋、冬三个季节中，秋季寒潮最多，根据寒潮标准，近 54 年共有 225 次寒潮暴发，其中 79 次出现在秋季，77 次发生在冬季，69 次发生在春季（图 4.21b）。纵观近 54 年，历史最早寒潮暴发于 9 月 18 日，出现在 1977 年，最晚寒潮发生在 5 月 6 日，出现于 2003 年。

强寒潮的年际分布与寒潮的分布大致相同，强寒潮的高发期也出现在 20 世纪 60 和 70 年代，80 年代开始随着全球气候的逐渐转暖，强寒潮次数明显减少，进入 90 年代后还出现了连续的空档期（图 4.22）。整体来看，54 年中共有 34 年有强寒潮暴发，最多曾一年出现了 4 次强寒潮，分别出现在 2001 和 2003 年。最早的一次强寒潮出现在 10 月 14 日，发生在 1964 年，而最晚的一次强寒潮暴发于 4 月 15 日，出现在 1965 年。

从强寒潮的月分布图（图 4.23a）上可以看出，每年的 11 月是强寒潮的高发期，54 年中共出现了 20 次，10 和 12 月各有 5 次，1—4 月均不超过 10 次。从强寒潮的季节分布（图 4.23b）来看，依然是秋季最多，冬季次之，春季最少。

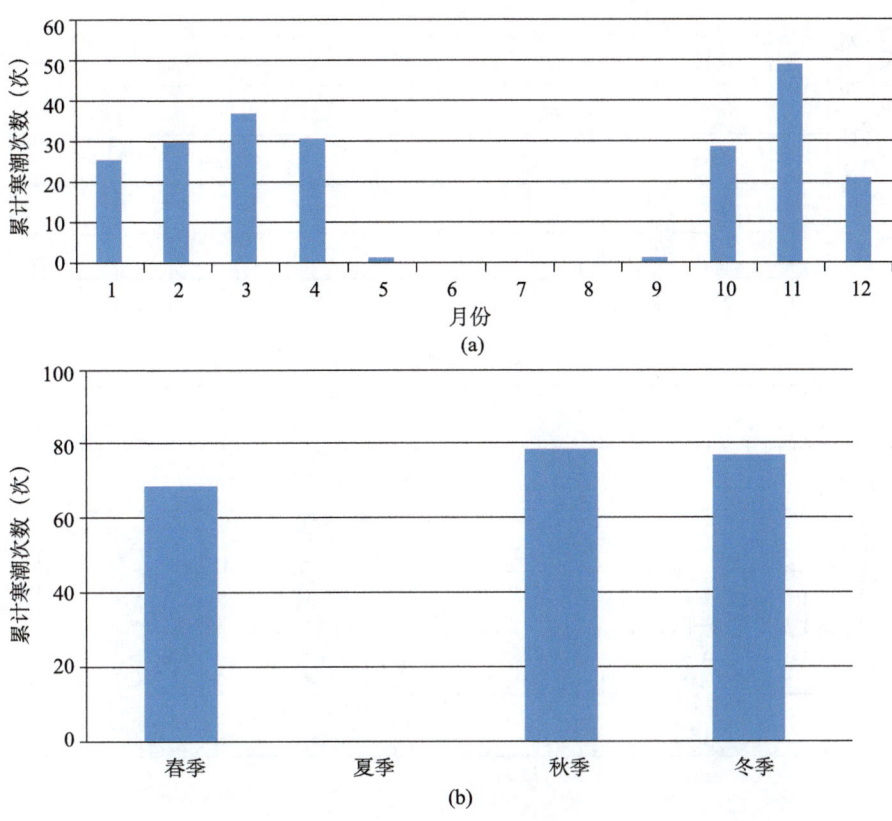

图 4.21　1961—2014 年间新巴尔虎右旗寒潮次数月和季节分布

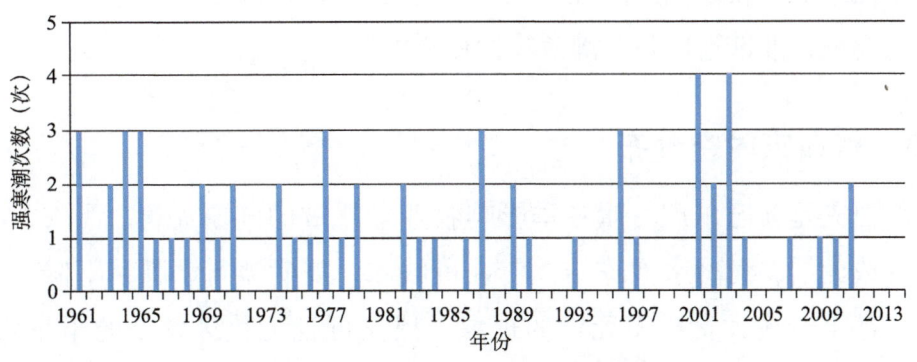

图 4.22　新巴尔虎右旗强寒潮次数年际变化

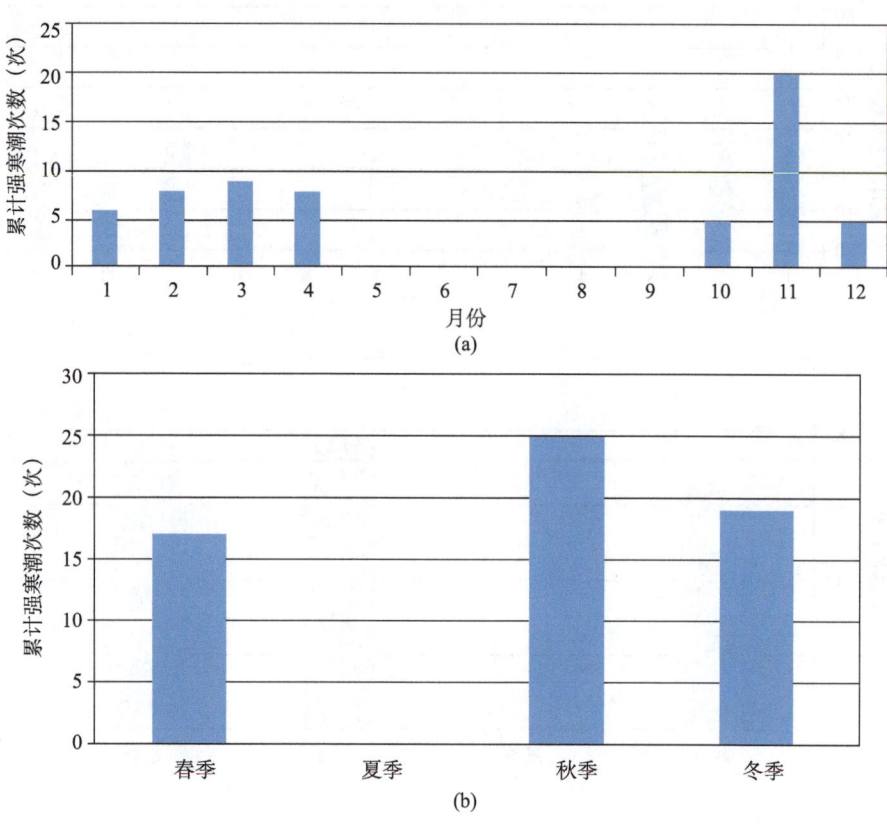

图4.23　1961—2014年间新巴尔虎右旗强寒潮次数月和季节分布

新巴尔虎右旗寒潮危险性等级空间分布如图4.24所示，寒潮危险性由北向南递减，北部地区是寒潮危险性最高的地区。

4.10　黑白灾时空分布

黑白灾是新巴尔虎右旗冬季影响牧业最严重的气象灾害。黑灾，指冬季少雪或无雪，河湖水泡冻结，使牲畜缺水、疫病流行、膘情下降、母畜流产，甚至造成大批牲畜死亡的现象。黑灾可视为牧区冬季的干旱灾害。白灾，指冬春季降雪过多，积雪掩盖草场而影响牲畜采食或不能采食，使放牧无法进行的一种灾害。白灾可视为牧区冬季的涝灾。

我们综合降雪量、积雪深度、连续积雪日数等气象因子，兼顾灾情实

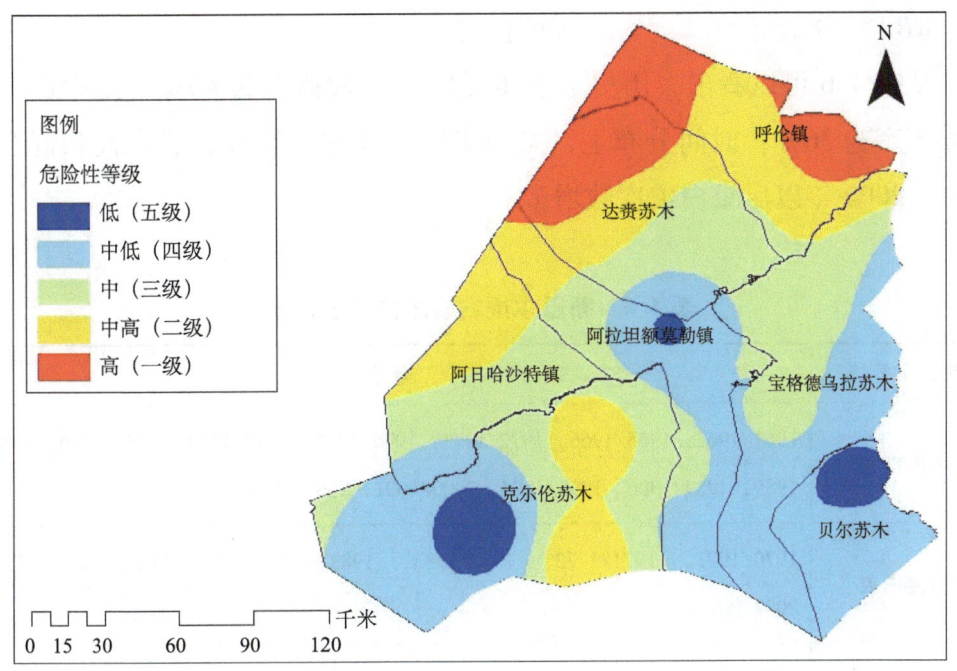

图 4.24 新巴尔虎右旗寒潮危险性等级空间分布

际,设定黑白灾指数,1961—2010 年新巴尔虎右旗黑白灾统计见表 4.6。综合降雪量、积雪深度、连续积雪日数等气象因子,兼顾灾情实际,设定黑白灾指数:

$$HBZ = \sqrt{\Delta L_i + \sqrt{\Delta T_i + \Delta t_i}}$$

式中:HBZ 为黑白灾指数,其数值越大,表示白灾越重,反之,黑灾严重;L_i 为最大积雪深度距平百分率;T_i 为总积雪日数距平百分率;t_i 为最长连续积雪日数距平百分率。

黑白灾危害程度标准(HBZ):

$-100\% \leqslant HBZ < -50\%$　　重度黑灾

$-50\% \leqslant HBZ < -20\%$　　中度黑灾

$-20\% \leqslant HBZ < 20\%$　　正常

20% ≤ HBZ < 50%　　　中度白灾

HBZ ≥ 50%　　　　　重度白灾

从表 4.6 可以看出，历史上发生黑灾的气候概率为 40%，发生白灾的气候概率为 36%；时间分布上，黑白灾发生存在连续性、群发性和混合性特点，2000 年以后重白灾次数增多。

表 4.6　新巴尔虎右旗黑白灾统计表

黑白灾等级	年份
中度白灾	1961/1962，1965/1966，1972/1973，1975/1976，1977/1978，1979/1980，1988/1989，1989/1990，1993/1994，2000/2001，2003/2004
重度白灾	1970/1971，1971/1972，1982/1983，1983/1984，2002/2003，2006/2007，2009/2010
中度黑灾	1963/1964，1966/1967，1973/1974，1976/1977，1986/1987，1990/1991，1991/1992，1995/1996，1999/2000，2007/2008
重度黑灾	1960/1961，1962/1963，1964/1965，1967/1968，1968/1969，1969/1970，1974/1975，1981/1982，1994/1995，1997/1998

新巴尔虎右旗黑白灾危险性等级空间分布分别如图 4.25 和图 4.26 所示，南部是黑白灾危险性高的地区，北部危险性相对较低。

4.11　草原火灾时空分布

火灾是草原的大敌，草原火灾的发生往往造成极大的损失。不同季节，火灾发生的次数不同，冬季几乎无火灾发生，春季、夏季初期是火灾的高发期。

新巴尔虎右旗草原火灾危险性等级空间分布如图 4.27 所示，北部地区尤其是靠近边境的部分地区是草原火灾危险性特别高的地区，东南部危险性次之，其他地区危险性相对较低。

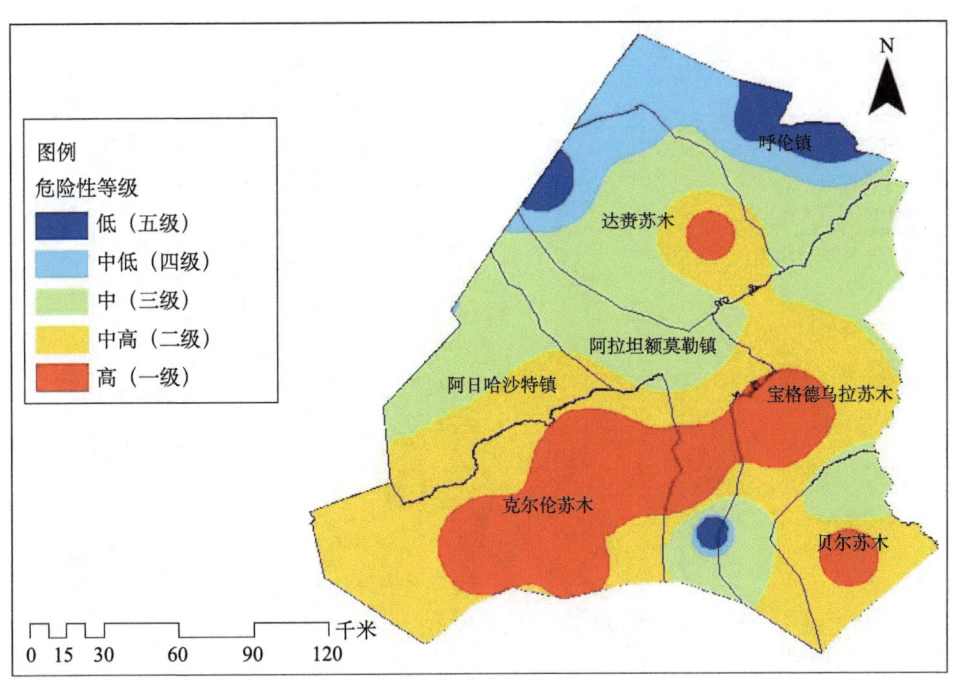

图 4.25　新巴尔虎右旗黑灾危险性等级空间分布

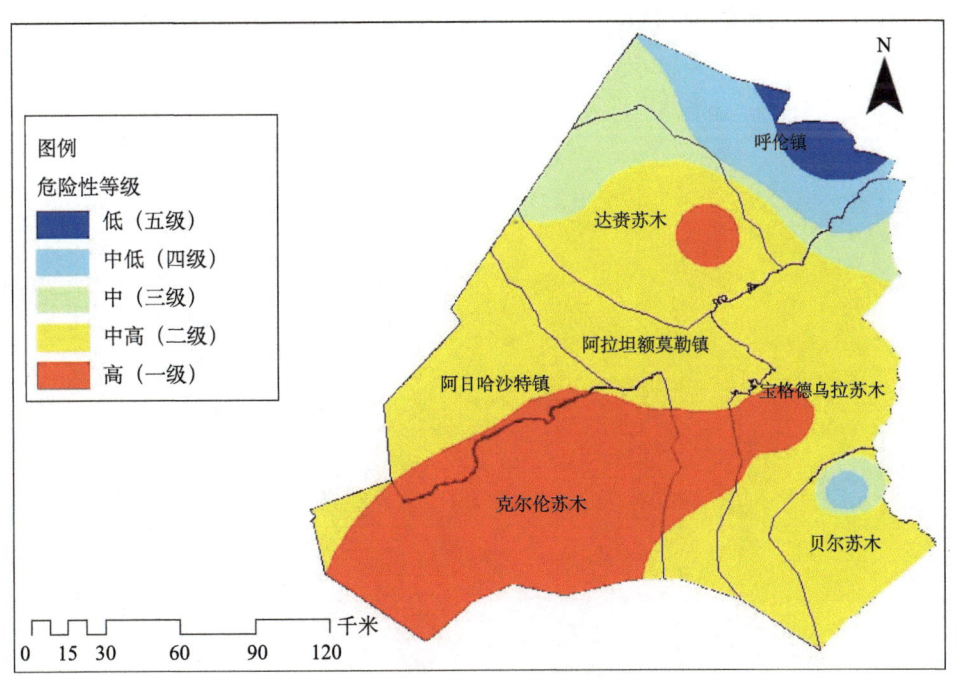

图 4.26　新巴尔虎右旗白灾危险性等级空间分布

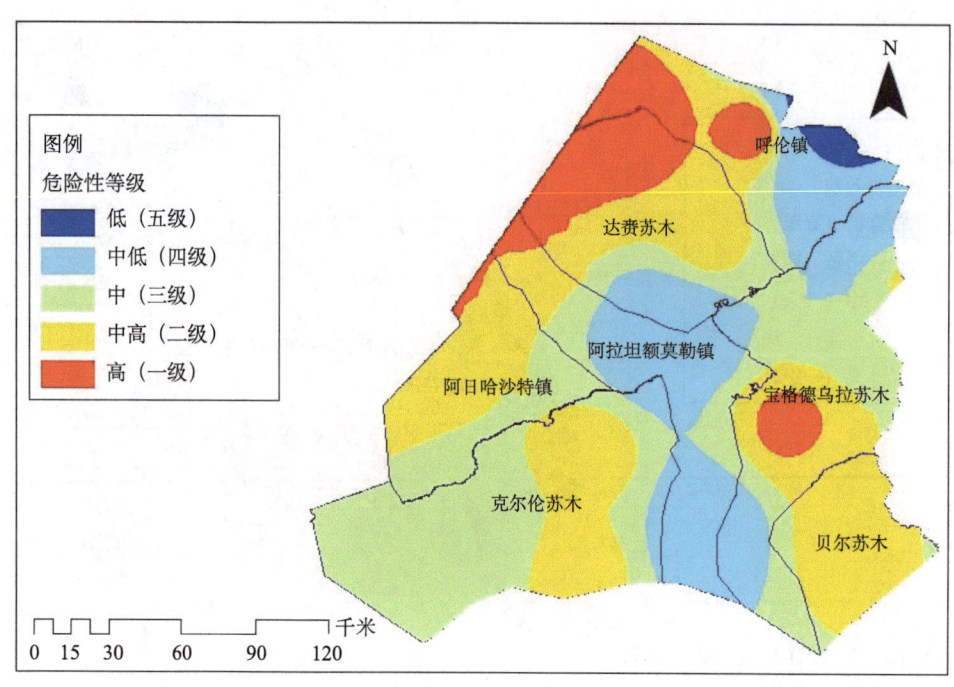

图 4.27　新巴尔虎右旗草原火灾危险性等级空间分布

第 5 章　灾害设防气象指标

5.1　暴雨指标

新巴尔虎右旗暴雨主要包括短时暴雨和连续性暴雨，短时暴雨是引发城镇积涝和山洪暴发的主要因素之一，持续的强降水是造成新巴尔虎右旗洪涝灾害的主要原因。短时暴雨强度指标对评价暴雨特征及其气候背景，提供防汛决策服务有实际应用价值；同时，也是城镇排水管网设计的依据。持续降水强度指标是评价洪涝发生的客观指标，对防洪防汛工程设计具有重要参考价值。依据新巴尔虎右旗气象观测站历年 5，10，15，20，30，45，60，90，120，180，240，360，540，720，1440 分钟等 15 种历时的最大值，计算每种历时降水不同频率的降雨量为暴雨设防指标，如图 5.1 至图 5.4 所示。

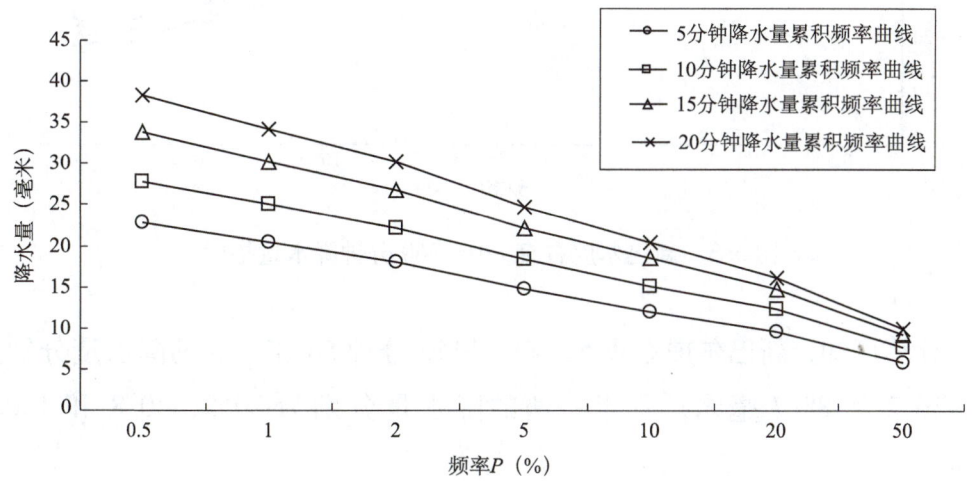

图 5.1　新巴尔虎右旗 5～20 分钟降水量指标

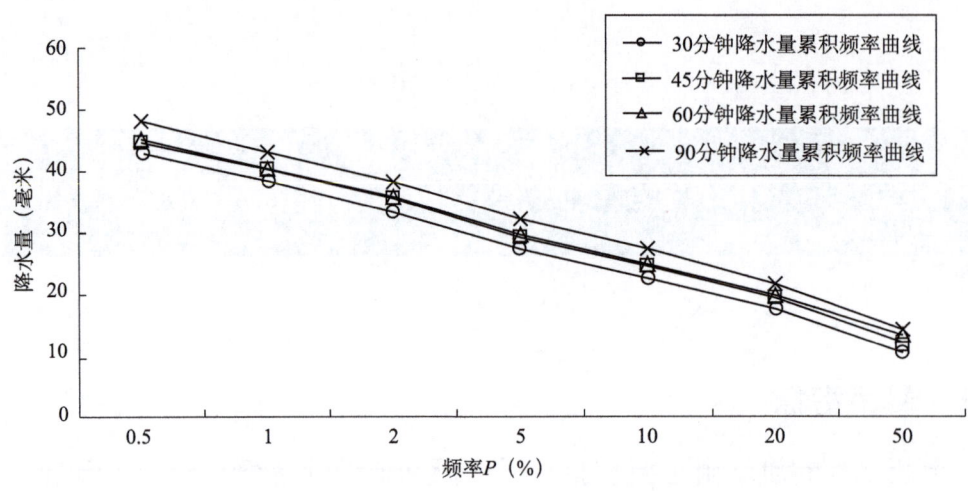

图 5.2　新巴尔虎右旗 30～90 分钟降水量指标

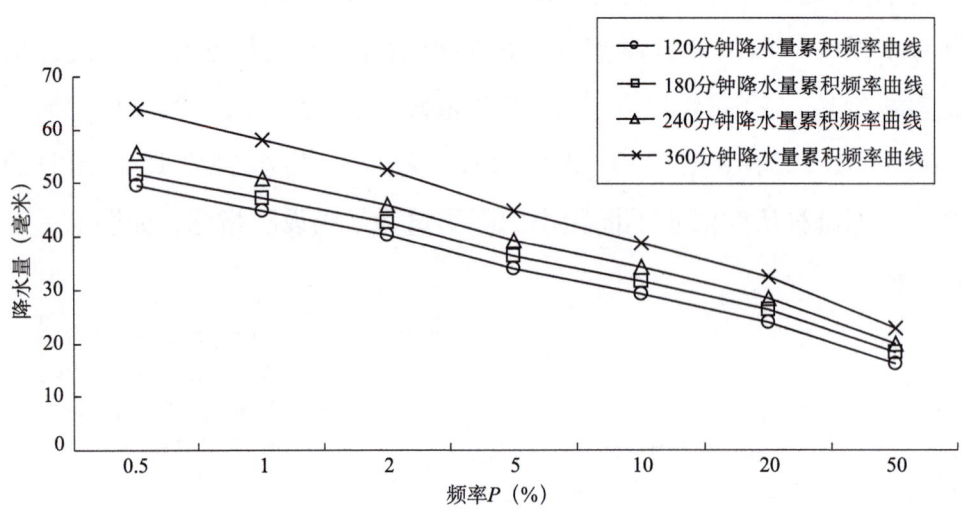

图 5.3　新巴尔虎右旗 120～360 分钟降水量指标

计算可知，新巴尔虎右旗 5，60，1440 分钟 50 年一遇的降水量分别为 18，36.2 和 88.7 毫米；百年一遇的降水量分别为 20.5，40.8 和 100.2 毫米。

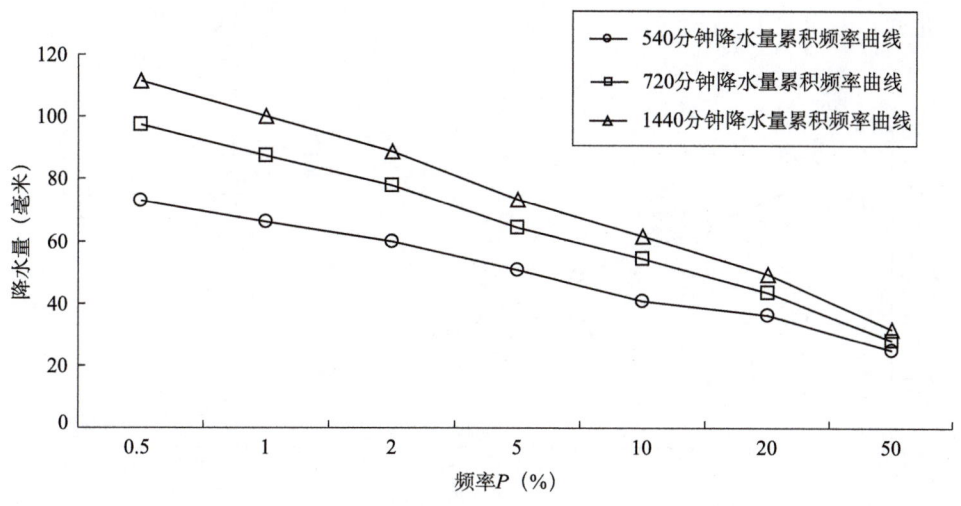

图 5.4 新巴尔虎右旗 540~1440 分钟降水量指标

5.2 雷暴指标

依据新巴尔虎右旗历年雷暴日数，计算出各种频率下的雷暴日数指标，计算可知，新巴尔虎右旗百年一遇的年雷暴日数为 33.4 天，如图 5.5 所示。

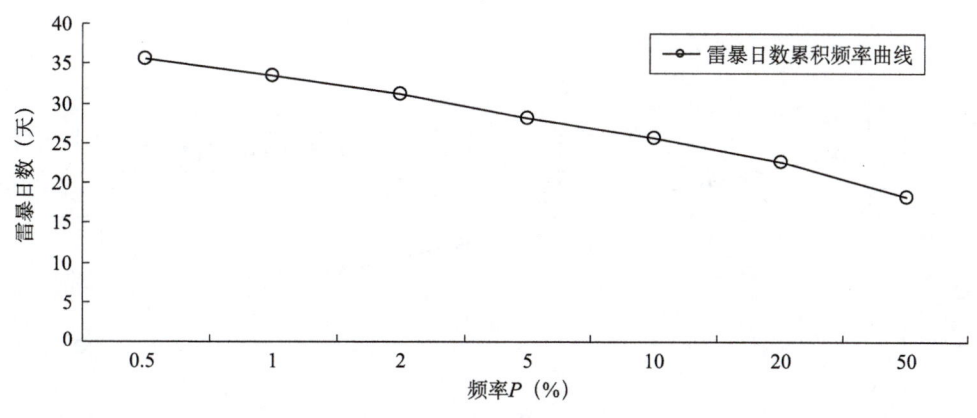

图 5.5 新巴尔虎右旗雷暴指标

5.3 冰雹指标

依据新巴尔虎右旗历年冰雹日数资料，计算出各种频率下的冰雹出现日数指标，计算可知，新巴尔虎右旗百年一遇的年冰雹日数为6.9天，如图5.6所示。

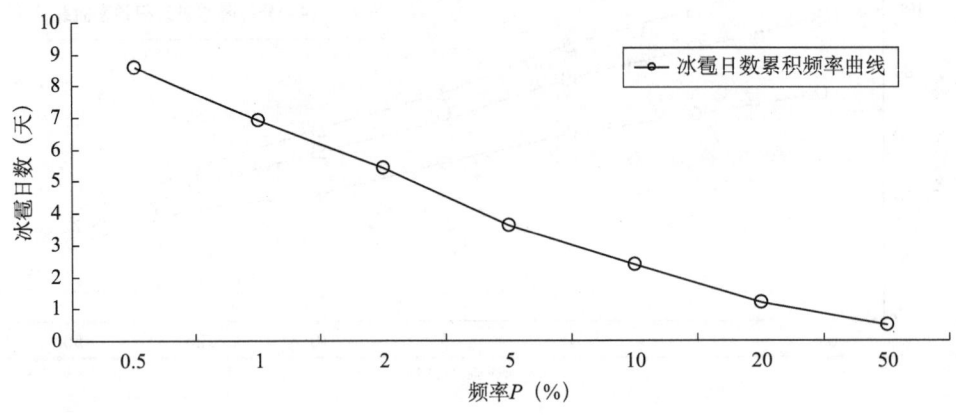

图5.6　新巴尔虎右旗冰雹指标

5.4　大风指标

依据新巴尔虎右旗气象观测的历年大风日数及最大风速资料，计算出各种频率下的最大风速指标，计算可知，新巴尔虎右旗百年一遇的年大风日数为73.7天，百年一遇的最大风速为26.9米/秒，如图5.7和图5.8所示。

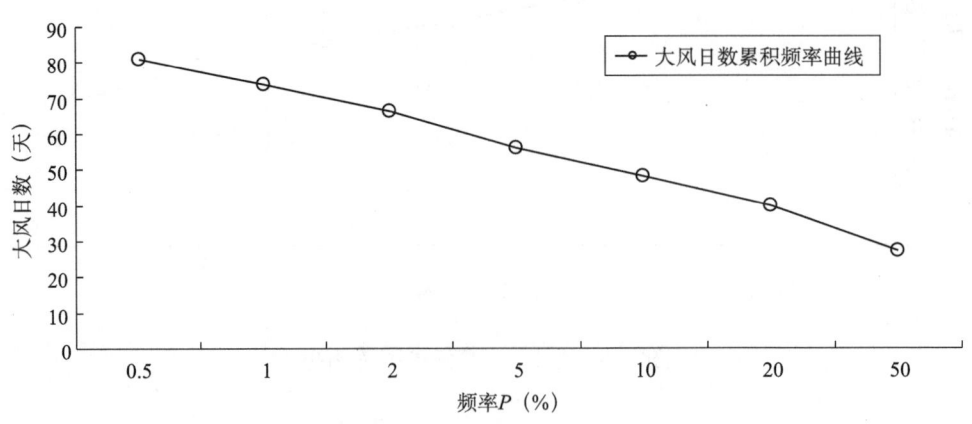

图5.7　新巴尔虎右旗大风日数指标

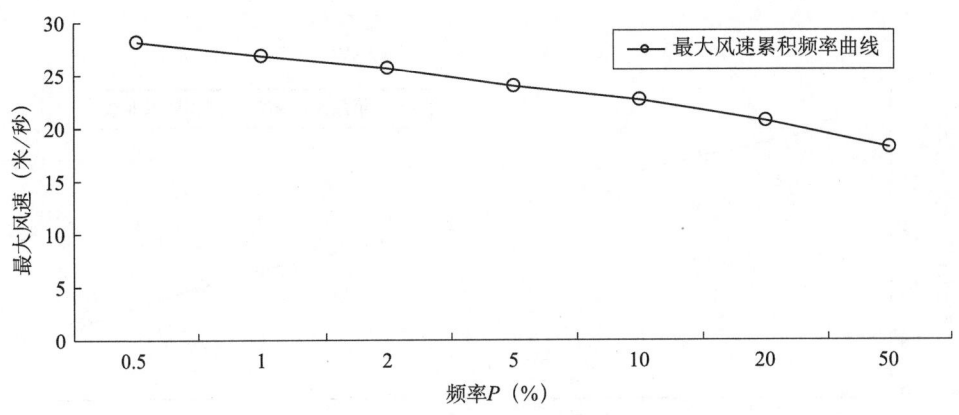

图5.8 新巴尔虎右旗最大风速指标

5.5 沙尘暴指标

依据新巴尔虎右旗历年沙尘暴日数资料，计算出各种频率下的沙尘暴出现日数指标，计算可知，新巴尔虎右旗百年一遇的年沙尘暴日数为10.3天，如图5.9所示。

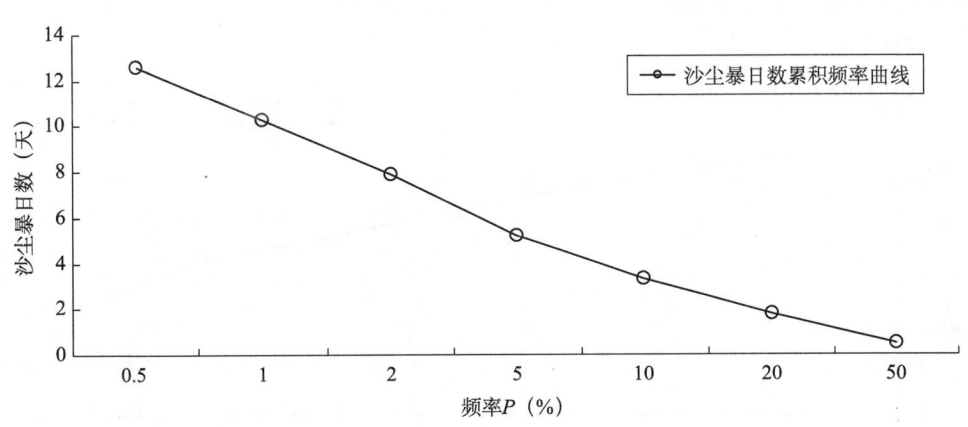

图5.9 新巴尔虎右旗沙尘暴指标

5.6 雪灾指标

依据新巴尔虎右旗气象观测的历年最大积雪深度资料，计算出各种频率下的雪灾设防指标，计算可知，新巴尔虎右旗百年一遇的积雪深度为

22.8 厘米，如图 5.10 所示。

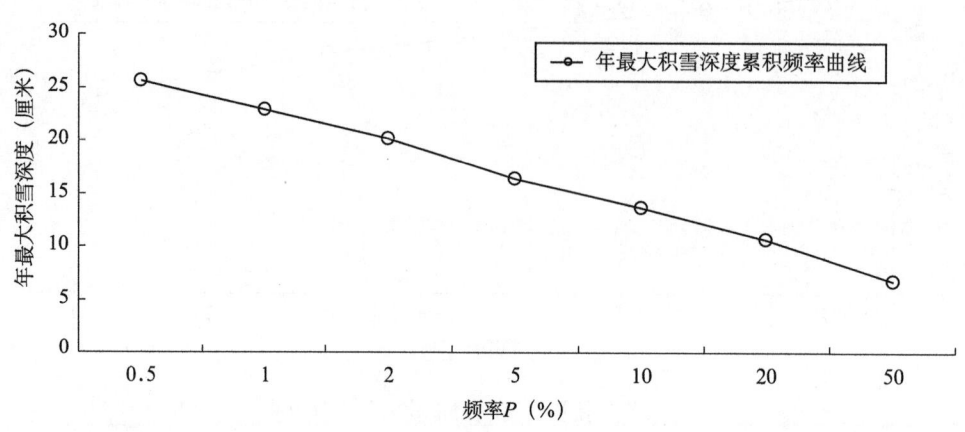

图 5.10　新巴尔虎右旗雪灾指标

5.7　高温指标

依据新巴尔虎右旗各气象观测站历年最高气温资料，计算出各种频率下的最高气温指标，如图 5.11 所示。经统计计算，新巴尔虎右旗百年一遇的最高气温为 42.8 ℃。

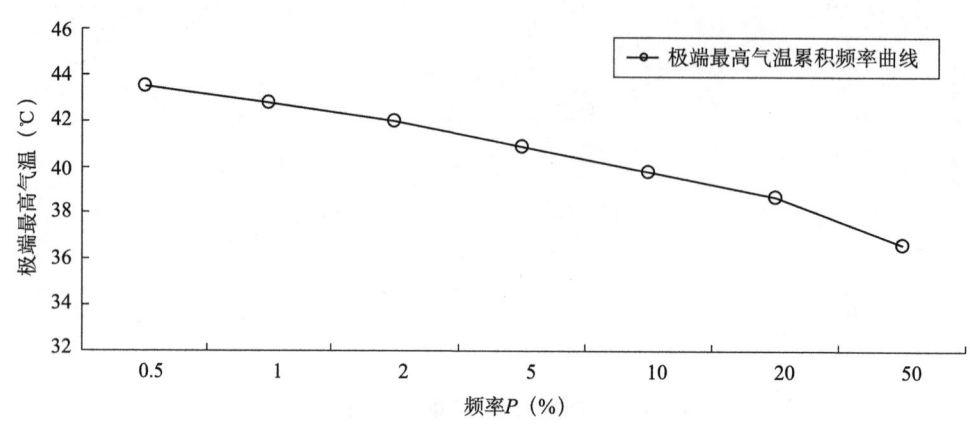

图 5.11　新巴尔虎右旗高温指标

5.8　低温指标

依据新巴尔虎右旗历年最低气温资料，计算出各种频率下的最低气温指标，经统计计算，新巴尔虎右旗百年一遇的最低气温为 -40.2 ℃，如图 5.12 所示。

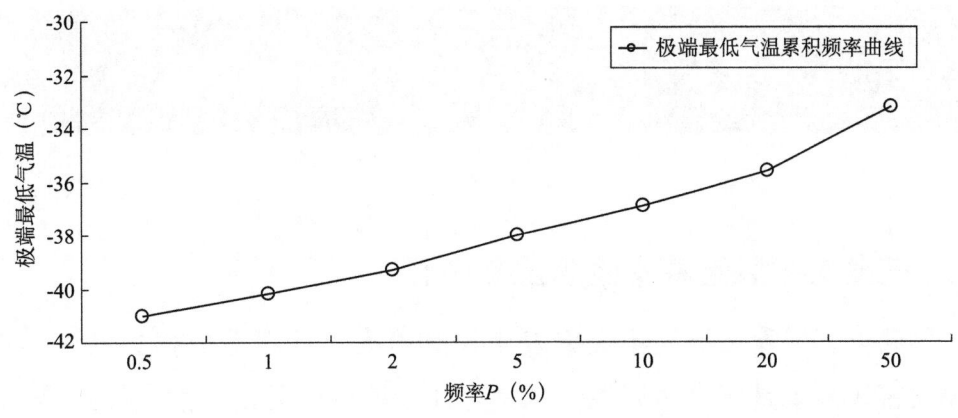

图 5.12　新巴尔虎右旗低温指标

5.9　初霜冻指标

依据新巴尔虎右旗历年最低气温资料，计算出各种频率下的初霜冻指标，经统计计算，新巴尔虎右旗百年一遇的初霜冻日期为 10 月 4 日，如图 5.13 所示。

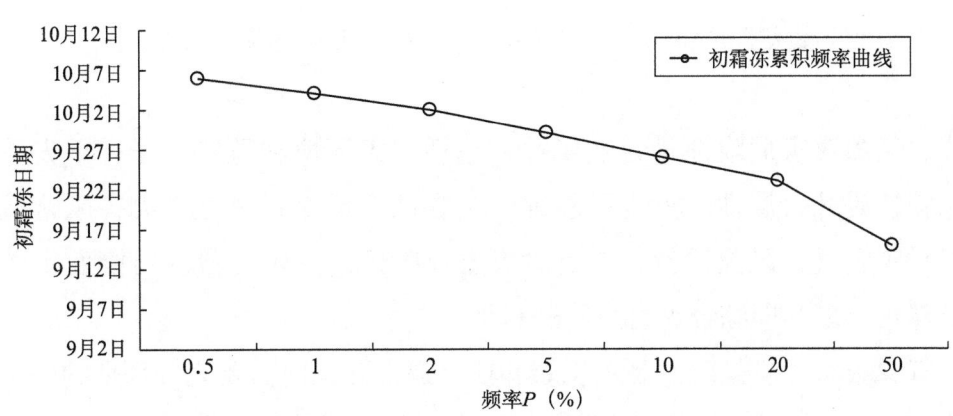

图 5.13　新巴尔虎右旗初霜冻指标

第6章 气象灾害风险区划

6.1 气象灾害风险基本概念及其内涵

气象灾害风险是指气象灾害发生及其给人类社会造成损失的可能性。气象灾害风险既具有自然属性，也具有社会属性，无论自然变异还是人类活动都可能导致气象灾害发生。气象灾害风险性是指若干年（10年、20年、50年、100年等）内可能达到的灾害程度及其灾害发生的可能性。根据灾害系统理论，灾害系统主要由孕灾环境、致灾因子和承灾体共同组成。在气象灾害风险区划中，危险性是前提，易损性是基础，风险是结果。

气象灾害风险性可以表达为：

$$\text{气象灾害风险} = \text{气象灾害危险性} \times \text{承灾体潜在易损性}$$

式中：气象灾害危险性是自然属性，包括孕灾环境和致灾因子；承灾体潜在易损性是社会属性。灾害风险评估包含两个层次：一是对灾害风险区内的某种灾害进行风险评价；二是对灾害风险区内一定时段内可能发生的各种自然灾害之和即综合灾害风险进行评价。

气象灾害风险是政府制定规划和项目建设开工前需要充分评估的一项重要内容，目的是减小气象灾害可能带来的风险，其中一项基础性工作是气象灾害风险区划，以确定辖区内气象灾害的种类、强度及出现的概率和分布。将风险评估与灾害性天气（致灾因子）和气象灾害预报紧密联系起来，与防灾减灾、灾前灾中评估挂钩，为政府及相关部门防御决策提供依据，为制定气象灾害工程和非工程措施、防御方案、防御管理等提供基础性支撑。

6.2 气象灾害风险区划的原则和方法

6.2.1 气象灾害风险区划的原则

气象灾害风险性是孕灾环境、承灾体与致灾因子综合作用的结果。它的形成既取决于致灾因子的强度与频率，也取决于自然环境和社会经济背景。开展新巴尔虎右旗气象灾害风险区划时，主要考虑以下原则：

（1）以开展灾害普查为依据，从实际灾情出发，科学做好气象灾害的风险性区划，达到防灾减灾规划的目的，促进区域的可持续发展。

（2）区域气象灾害孕灾环境的一致性和差异性。

（3）区域气象灾害致灾因子（灾害指标）的组合类型、时空聚散、强度与频度分布的一致性和差异性。

（4）根据区域孕灾环境、承灾体以及灾害产生的原因，确定灾害发生的主导因子及灾害区划依据。

（5）划分气象灾害风险性等级时，宏观与微观相结合，对划分等级的依据和防御标准做出说明。

（6）可修正原则。紧密联系新巴尔虎右旗的社会经济发展情况，对新巴尔虎右旗的承灾体脆弱性进行调查。根据新巴尔虎右旗的发展以及防灾减灾基础设施与能力的提高，及时对气象灾害风险区划图进行修改与调整。

6.2.2 气象灾害风险区划的方法

本区划主要根据气象学与气候学、农业气象学、自然地理学、灾害学和自然灾害风险管理等基本理论，采用风险指数法、层次分析法、加权综合评分法等数量化方法，在GIS技术的支持下进行新巴尔虎右旗气象灾害风险分析和评价，编制气象灾害风险区划图。本区划所需的数据主要包括新巴尔虎右旗境内及其周边常规气象站和自动气象站的气象数据、气象灾害的灾情数据（如受灾面积、经济损失、人员伤亡等）、地理空间数据（土地利用现状、地形、地貌、地质构造、河网分布等）、社会经济数据（如人口、GDP 等）。这些数据主要来自新巴尔虎右旗气象局、国土局、水务局、统计局、民政局等部门的相关统计年鉴。气象灾害风险评估流程见图 6.1。

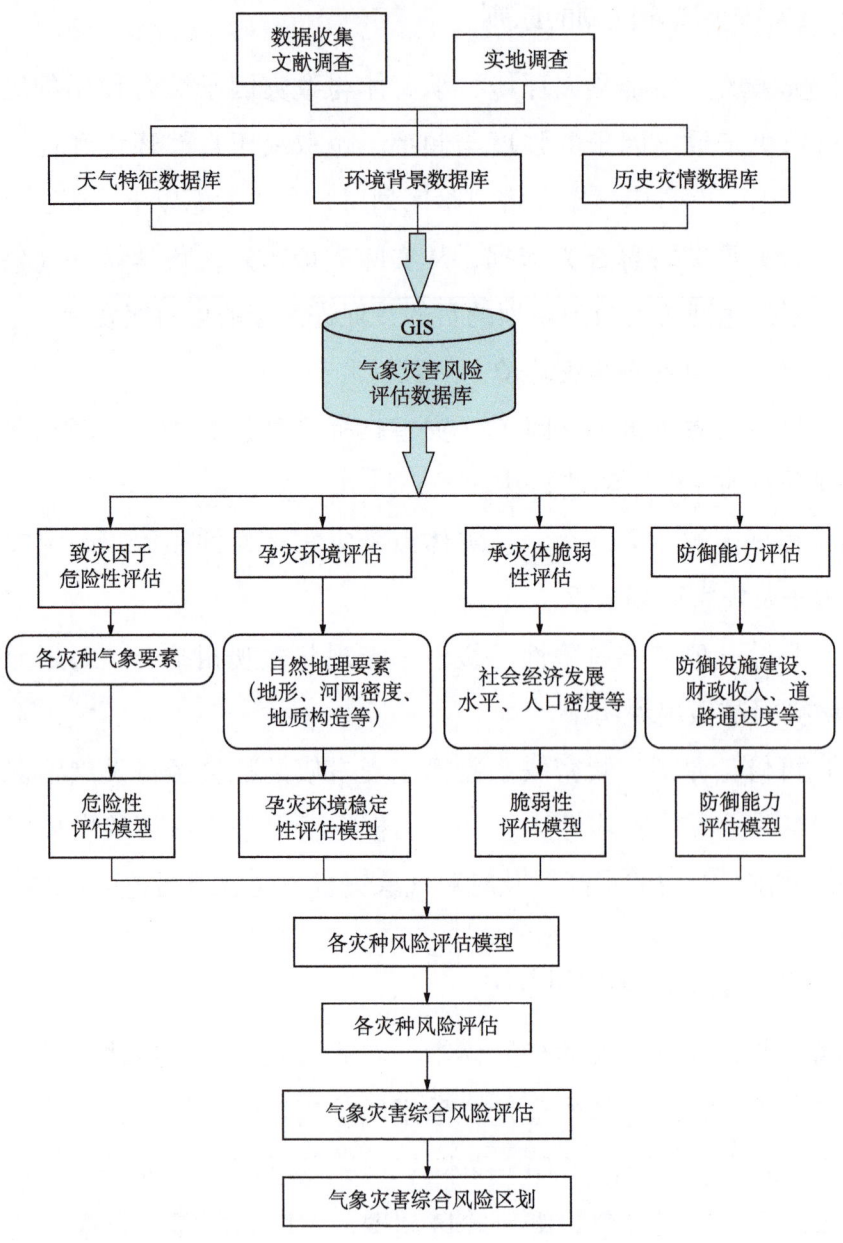

图 6.1　气象灾害风险评估流程图

(1) 气象灾害风险区划评价指标

气象灾害的致灾因子主要是能够引发灾害的气象事件，对气象灾害致灾因子的分析，主要考虑引发灾害的气象事件出现的时间、地点和强度。气象灾害强度、出现概率来自新巴尔虎右旗境内及其周边常规气象站和自动站的气象要素资料，包括降水、温度、风、冰雹、低能见度、冰冻、大雪等致灾因子的出现概率和分布。

孕灾环境与承灾体潜在易损性，包括人类社会所处的自然地理环境条件（地形地貌、地质构造、河流水系分布、土地利用现状）、社会经济条件（人口分布、经济发展水平等）、人类的防灾抗灾能力（防灾设施建设，灾害预报预警水平，减灾决策与组织实施的水平）。

(2) 气象灾害风险区划评价指标的量化

根据不同灾种风险概念框架选取不同的指标。由于所选指标的单位不同，为了便于计算，选用以下公式将各指标量化成可计算的 1~10 之间的无量纲指标：

$$X'_{ij} = \frac{X_{ij} \times 10}{X_{i\max j}}$$

式中：X'_{ij} 和 X_{ij} 分别为像元 j 上指标 i 的量化值和原始值；$X_{i\max j}$ 为指标 i 在所有像元中的最大值。

(3) 分灾种风险模型的建立

考虑致灾因子危险性、孕灾环境、承灾体脆弱性和灾害防御能力，建立如下灾害风险指数评估模型：

$$DRI = (H^{WH})(E^{WE})(V^{WV})(10-R)^{WR}$$

$$H = \sum W_{Hk} X_{Hk}$$

$$E = \sum W_{Ek} X_{Ek}$$

$$V = \sum W_{Vk} X_{Vk}$$

$$R = \sum W_{Rk} X_{Rk}$$

式中：DRI 为各灾种灾害风险指数；H，E，V 和 R 分别为致灾因子危险性、孕灾环境、承灾体脆弱性和灾害防御能力因子指数；WH，WE，WV，WR 分别为致灾因子危险性、孕灾环境、承灾体脆弱性和灾害防御能力的权重，在本区划中根据新巴尔虎右旗气象灾害实际情况，将模型中致灾因子危险性、孕灾环境、承灾体脆弱性和灾害防御能力权重分别赋值；X_k 为指标 k 量化后的值；W_k 为指标 k 的权重，表示各指标对形成气象灾害风险的主要因子的相对重要性。

灾害区划是灾害普查结果的体现。以新巴尔虎右旗历史灾情资料为依据，结合各种气象要素资料，通过层次分析法找出各评价因子的影响程度，建立适当的模型，计算各灾种的风险系数；结合本地实际情况，在 GIS 技术的支持下，确定不同风险等级的空间分布状况，绘制气象灾害的风险区划图。

（4）综合风险区划模型的建立

综合风险区划模型为：

$$IDRI = \sum (DRI_k W_k)$$

式中：IDRI 为气象灾害综合风险指数；DRI_k 为灾种 k 的风险指数；W_k 为灾种 k 的权重，是根据每个灾种的损失情况，采用专家打分法赋予暴雨洪涝、干旱、大风、雷电、冰雹、高温、低温冷害、霜冻、寒潮、黑白灾等的权重，计算气象灾害综合风险系数。

6.3 分灾种气象灾害风险区划

根据上述风险区划原则和方法，综合考虑致灾因子、孕灾环境、承灾体三个方面确立风险评价指标体系，在 GIS 支持下，分别对各气象灾种进行灾害风险区划。

6.3.1 暴雨洪涝风险区划

暴雨灾害致灾因子主要指暴雨的强度、频率和影响范围等；孕灾环境主要指如地形起伏状况、河网密度等；承载体的易损性主要考虑人口密度、人均国民生产总值和耕地面积等。综合以上要素，得出暴雨灾害风险指数空间分布（图6.2），本旗河流流域、呼伦湖和贝尔湖等水系周边是暴雨洪涝高风险区，西部及西北部地区风险相对较低。

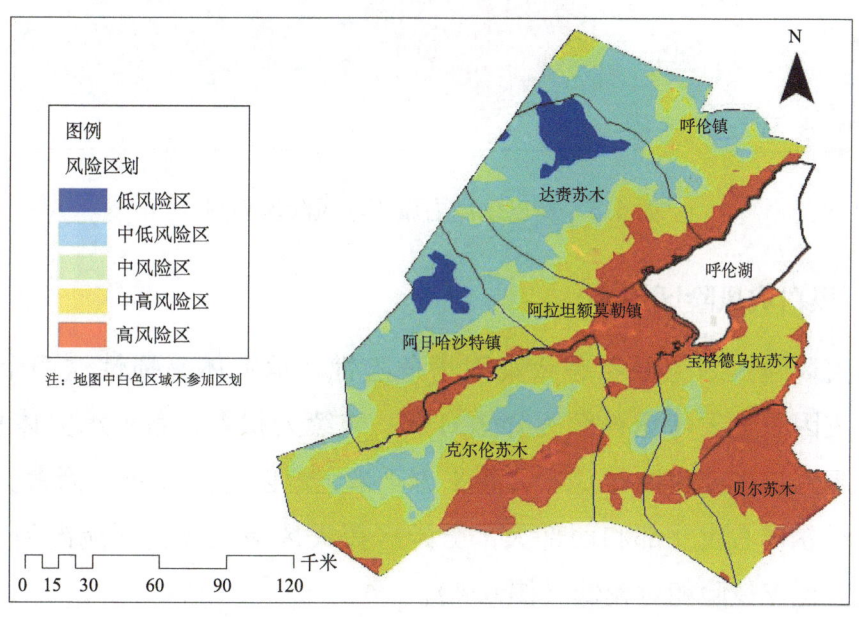

图 6.2 新巴尔虎右旗暴雨洪涝风险区划图

6.3.2 干旱风险区划

干旱致灾因子主要选取了气象上的降水量；将河网密度、地势高度作为孕灾环境敏感性指标；农牧业生产受干旱的影响最为显著，承灾体易损性主要以人口密度、农牧业经济密度、旱地作物占农作物的比率为基本要素。对以上因子进行加权叠加，得到新巴尔虎右旗干旱风险区划图（图6.3），全旗大部分地区干旱风险较高，尤其是中部达赉苏木及克尔伦苏木西南部干旱风险最高。

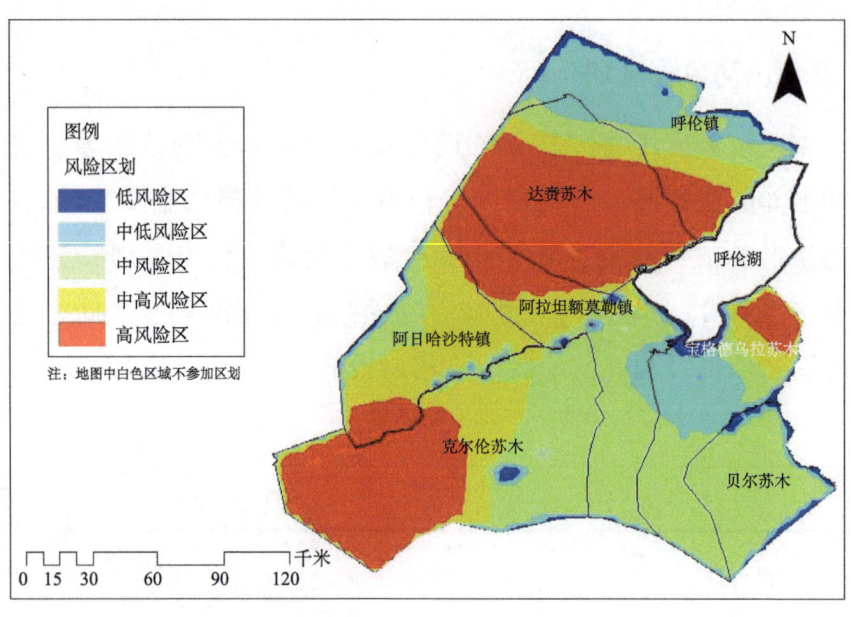

图 6.3　新巴尔虎右旗干旱风险区划图

6.3.3　黑白灾风险区划

黑灾风险区划主要考虑致灾因子危险性、承灾体易损性这两个方面。黑灾致灾因子主要考虑连续无降雪日数、连续无积雪日数；承灾体易损性主要考虑人口密度和地均 GDP（每平方千米土地创造的 GDP）因素。

新巴尔虎右旗北部和西部大部分地区黑灾风险较高；河流湖泊等水系周边地区黑灾风险相对较低（图 6.4）。

白灾（雪灾）风险区划主要考虑致灾因子危险性、承灾体易损性两个方面。白灾致灾因子主要考虑年平均降雪日数、年平均积雪日数；承灾体易损性主要考虑人口密度和地均 GDP 因素。新巴尔虎右旗中部和南部白灾风险性较高，包括克尔伦苏木、宝格德乌拉苏木和贝尔苏木大部分地区，北部呼伦镇及达赉苏木部分地区白灾风险相对较低（图 6.5）。

6.3.4　冰霜风险区划

霜冻灾害是新巴尔虎右旗主要的农牧业气象灾害之一，霜冻灾害致灾因子主要考虑气温、地面温度；孕灾环境主要指下垫面性质、河网密度等；

第 6 章 ◆ 气象灾害风险区划

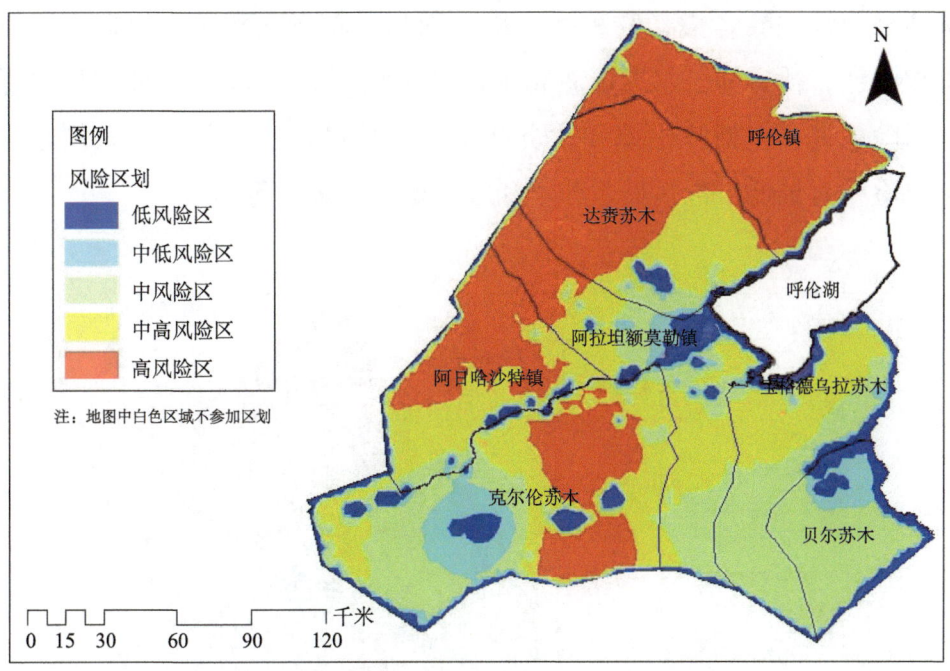

图 6.4　新巴尔虎右旗黑灾风险区划图

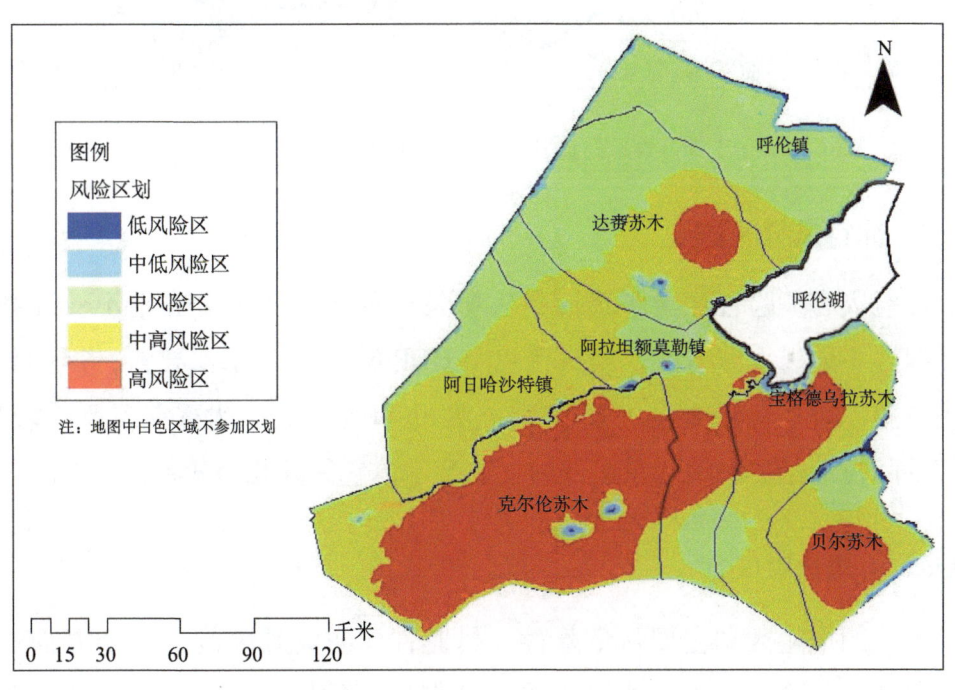

图 6.5　新巴尔虎右旗白灾风险区划图

承灾体易损性主要考虑作物种类、耕地面积、草场面积等。对以上因子进行加权叠加，得到新巴尔虎右旗霜冻风险区划图（图6.6），北部地区霜冻灾害风险最高，包括呼伦镇和达赉苏木北部地区；东南部和水系周边地区霜冻风险相对最低，包括贝尔苏木和宝格德乌拉苏木等。

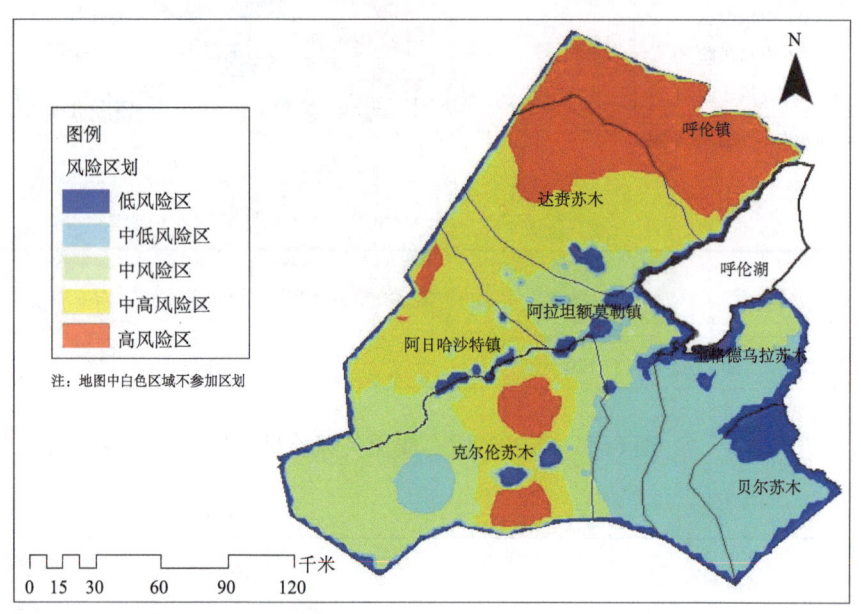

图6.6　新巴尔虎右旗霜冻风险区划图

6.3.5　冰雹风险区划

冰雹灾害危险性主要考虑冰雹灾害发生的历史频率分布情况。冰雹灾害易损性主要以人口密度、经济密度（GDP密度）为基本要素，得到新巴尔虎右旗冰雹风险区划图（图6.7），西北和西南地区冰雹灾害风险较高，中部的阿拉坦额莫勒镇和东南部的贝尔苏木冰雹风险相对较低。

6.3.6　大风风险区划

大风的风险区划主要从危险性、暴露性、防灾减灾能力三个方面进行分析得到。危险性分析主要研究该区域有气象数据记录以来的风速、风频率分布情况，地形因子如坡度及高度两个方面；暴露性分析是对研究区内

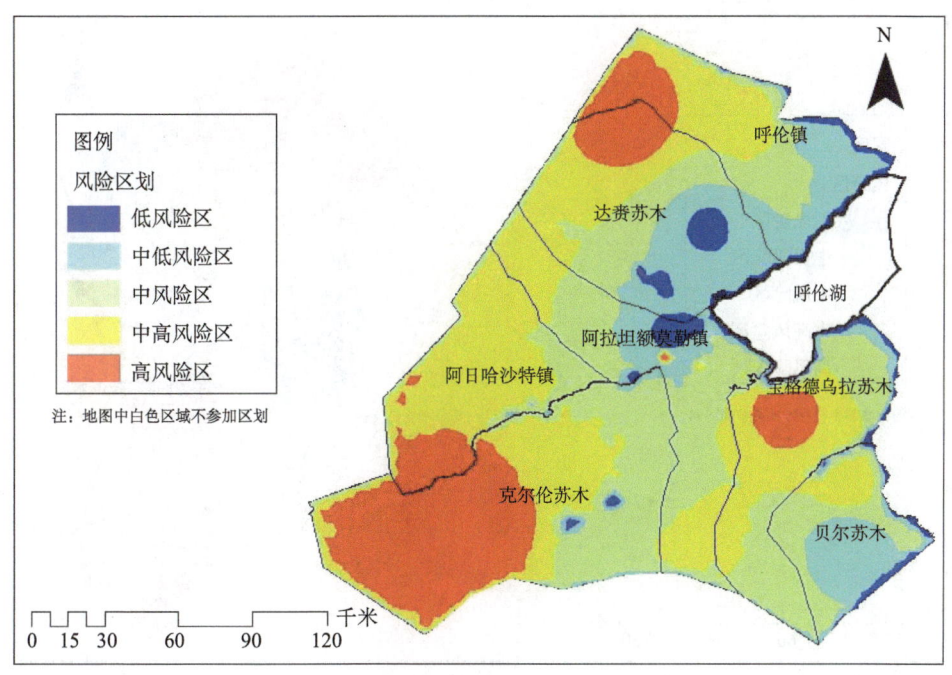

图 6.7 新巴尔虎右旗雹灾风险区划图

的受影响因子进行分析，主要考虑常住居民情况、建筑物分布情况；防灾减灾能力分析主要考虑建筑物工程抗风能力和工业厂房分布情况，得到大风风险区划图。新巴尔虎右旗西北部和东南部是大风灾害风险等级最高的地区，中部地区和西南部地区大风灾害风险等级最低（图 6.8）。

6.3.7 高温风险区划

高温风险区划主要选取地形地貌、高温频率、人口经济等作为评价因子。致灾因子主要选取高温频次；水体、湿地等下垫面可以有效减少高温发生的概率，孕灾环境敏感性将河网密度作为指标；承灾体易损性主要以人口密度、经济密度为基本要素。得到新巴尔虎右旗高温风险区划图（图6.9），除呼伦湖外，高温风险等级由南至北依次递减，南部地区是高温风险最高的地区，北部地区是高温风险最低的地区，呼伦湖周边地区风险等级相对较低。

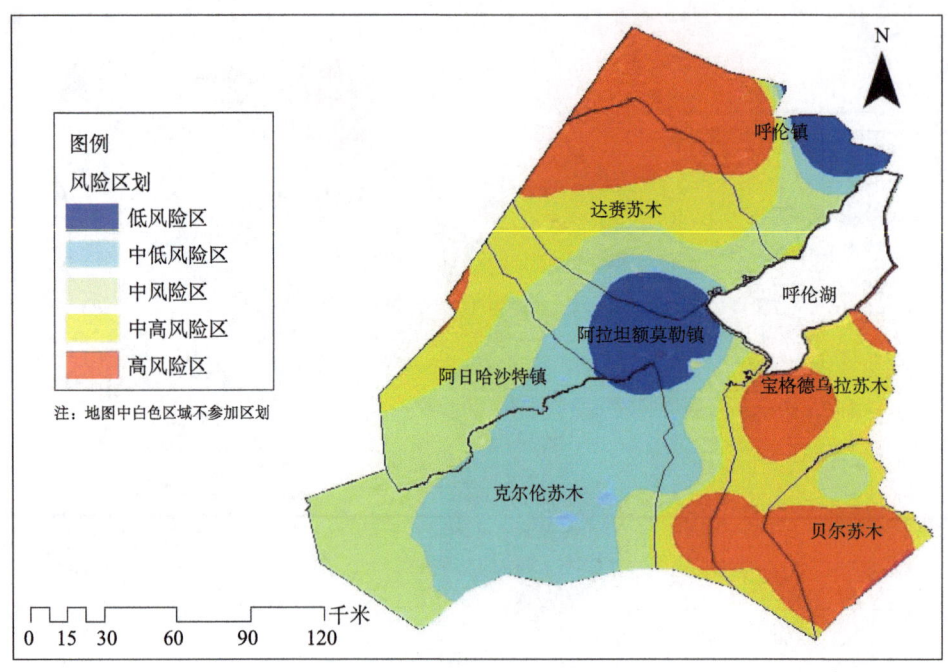

图 6.8 新巴尔虎右旗大风风险区划图

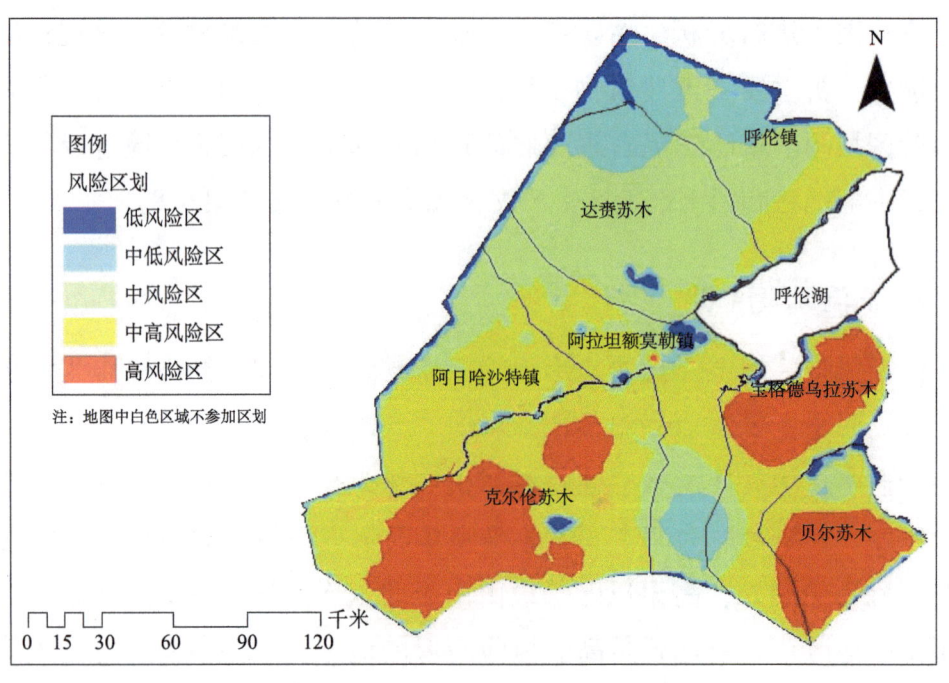

图 6.9 新巴尔虎右旗高温风险区划图

6.3.8 低温冷害风险区划

低温冷害风险区划主要考虑致灾因子危险性、孕灾环境敏感性、承灾体易损性三个方面，选取低温频率、地形地貌、人口经济等作为评价因子。水体、河网等下垫面有一定的保温作用，可以有效减少低温冷害发生的概率，所以孕灾环境敏感性主要考虑地形和河网密度因子；承灾体易损性主要以人口密度、农牧业占GDP的比率为基本要素，其中又以经济作物和特种养殖最为敏感。最后对三个方面的要素进行加权叠加，得到新巴尔虎右旗低温冷害风险区划图（图6.10），大部分地区低温冷害风险较高，只有中部和南部的部分地区风险相对较低，水系周边地区风险最低。

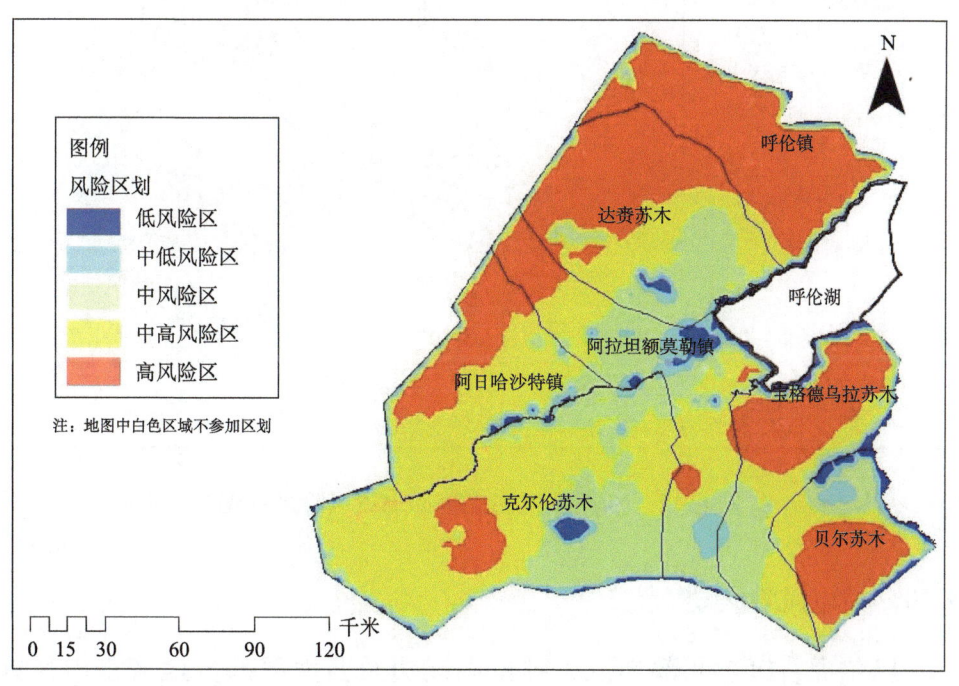

图6.10　新巴尔虎右旗低温冷害风险区划图

6.3.9 草原火灾风险区划

草原火灾的发生和蔓延与气象条件关系密切。致灾因子除雷电可以直接引起草原火灾外，高温、干燥是易于成灾的重要气象条件。而在风的作用下，草原可燃物更易干燥。因此，把大风日数、降水量、气温、湿润度、雷暴日数作为致灾因子指标。孕灾环境指可燃物载量、人口密度、交通条件等。承灾体的易损性主要考虑草原盖度、草木种类、草场类型等。依据以上因子加权叠加，得到新巴尔虎右旗草原火灾风险区划图（图6.11），由图6.11可见，本旗西北部大部分地区草原火灾风险最高，西南部部分地区是另一个草原火灾风险高中心，其他地区特别是水系周边地区火灾风险相对较低。

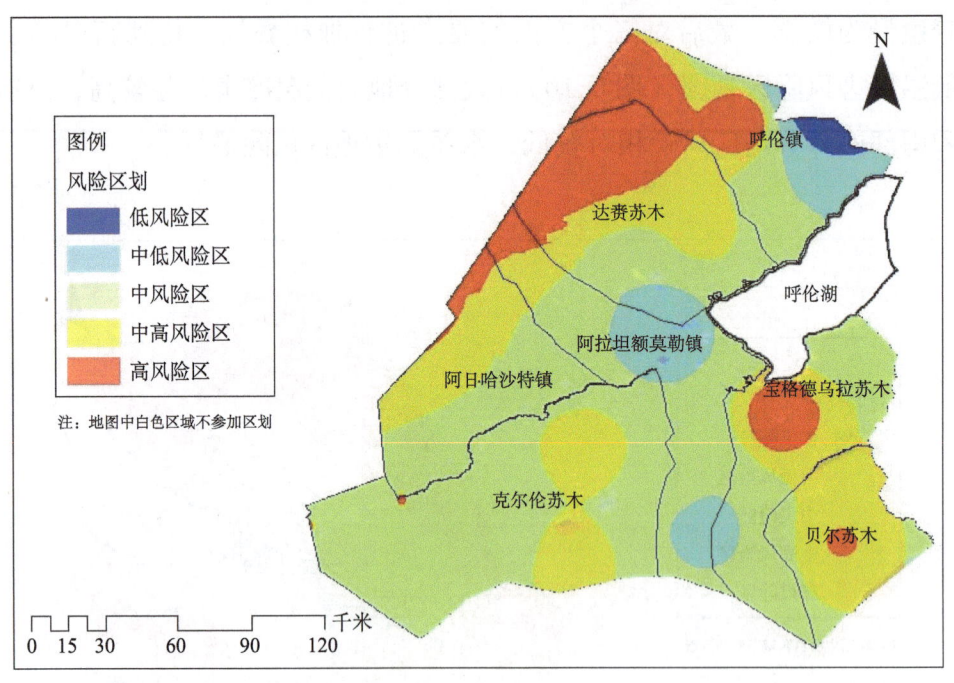

图6.11 新巴尔虎右旗草原火灾风险区划图

6.3.10 雷电风险区划

新巴尔虎右旗东北部地区、呼伦湖周边及西南部部分地区雷电风险等级较高；其他地区风险相对较低，东南部风险相对最低（图6.12）。

6.3.11 气象灾害综合风险区划

根据各气象灾害对新巴尔虎右旗造成的损失确定权重值，将各灾种的风险指数进行叠加后计算综合风险指数，得到新巴尔虎右旗气象灾害综合

第 6 章 ◆ 气象灾害风险区划

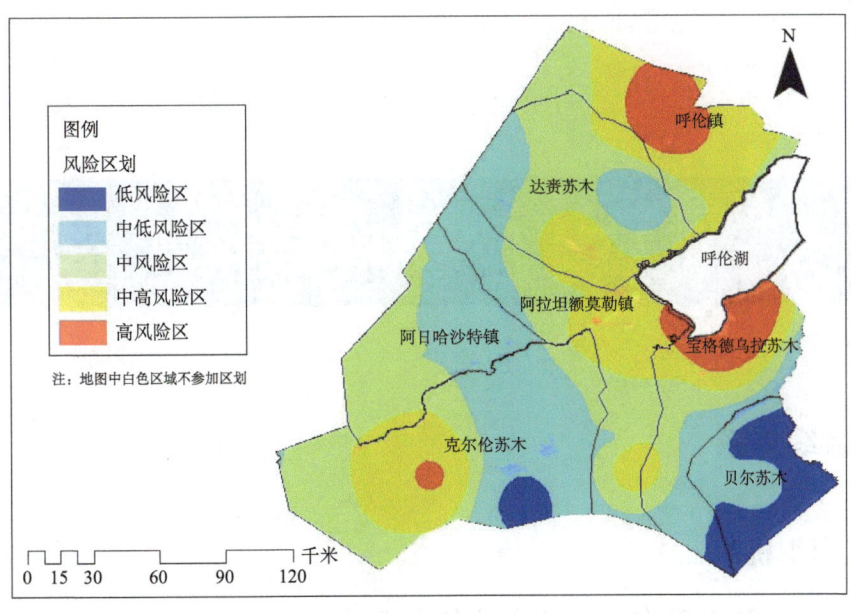

图 6.12　新巴尔虎右旗雷电风险区划图

风险区划图（图 6.13）。由图 6.13 可以看出，西北部和西部地区气象灾害综合风险等级高，南部和呼伦湖周边地区气象灾害综合风险等级相对较低。

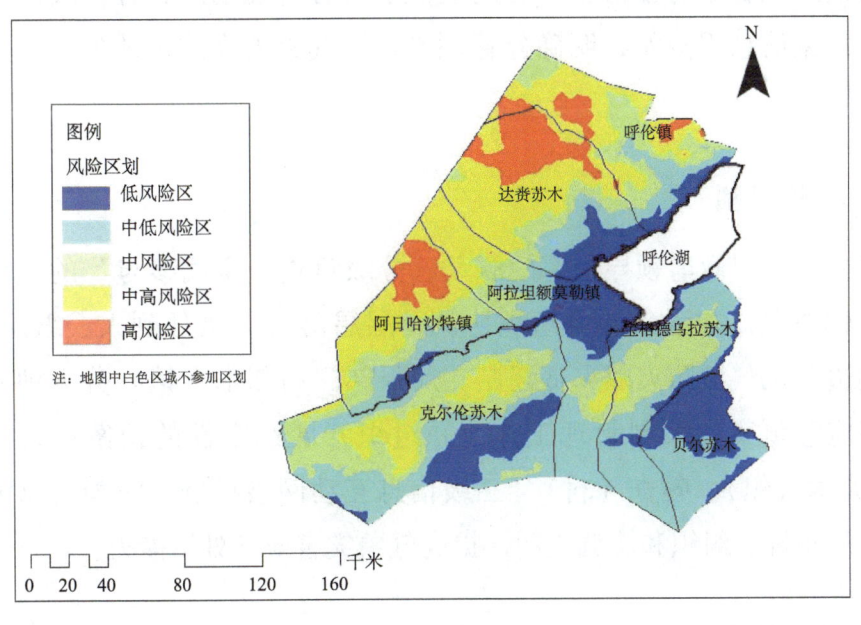

图 6.13　新巴尔虎右旗综合风险区划图

第 7 章 气象灾害防御管理

7.1 组织体系

7.1.1 组织机构

气象灾害防御工作涉及社会的各方面，需要各部门通力合作，成立在旗政府领导下，各相关部门为主要成员的新巴尔虎右旗气象灾害防御指挥部，下设办公室，与新巴尔虎右旗气象灾害防御中心共同负责气象灾害防御管理的日常工作，各苏木（镇）（街道、办事处）按"六有"（有固定场所、有信息设备、有信息员、有定期活动、有管理制度、有长效机制）标准组建气象信息服务站，明确分管领导，把气象灾害防御的各项任务落到实处。

7.1.2 工作机制

建立健全"政府领导、部门联动、分级负责、全民参与"的气象灾害防御工作机制。加强领导和组织协调，层层落实"责任到人、纵向到底、横向到边"的气象防灾减灾责任制。加强部门和苏木（镇）分灾种专项气象灾害应急预案的编制管理工作，并组织开展经常性的预案演练。健全"旗、苏木（镇）、嘎查（村）"三级信息互动网络机制，完善气象灾害应急响应的管理、组织和协调机制，提高气象灾害应急处置能力。

7.1.3 队伍建设

加强各类气象灾害防范应对专家队伍、应急救援队伍、气象助理员队伍和气象信息员队伍的建设。在苏木（镇）设置气象助理员职位，明确苏木（镇）气象助理员任职条件和主要任务；在每个嘎查（村）、社区设立气象信息员，在重点部门、行业、关键公共场所以及人口密集区建立气象信息员队伍。不断优化完善气象助理员队伍培训和考核评价管理制度。

气象助理员主要任职条件：具有较好的思想政治素质、较强的责任心和协作精神，能积极主动配合气象部门的组织管理工作；具备履行职责的基本知识和身体素质，了解本辖区内可能发生的各类气象灾害和气象灾害防御的重点区域，熟练掌握各类防灾避险和自救措施；助理员由专任或兼职人员担任；按照"条件明确、单位推荐、本人自愿，签订协议"的原则实行聘任制。聘期一般为三年。由气象部门对其进行集中培训和考核，对经培训并考核合格人员发给聘用证书。

气象助理员主要职责：负责气象灾害预报与警报的接收和传播，并根据当地实际，采取相应的防灾减灾措施，协助当地政府和有关部门做好气象防灾避险、自救、互救工作；负责气象灾害信息收集与上报，并协助上级气象部门人员赴现场进行灾害情况调查、评估和鉴定，及时将辖区内发生的气象灾害、次生气象灾害及其他突发公共事件上报气象部门；负责辖区内有关气象设施的维护和管理；依法开展防雷减灾安全管理工作，收集辖区内重点雷电防御单位及重要防雷设施信息，协助做好辖区内雷电防护技术服务工作；负责对本苏木（镇）、嘎查（村）、社区、学校等单位气象信息员队伍的组织管理。

7.2 气象灾害防御制度

7.2.1 风险评估制度

风险评估是对面临的气象灾害威胁、防御中存在的弱点、气象灾害造成的影响以及三者综合作用而带来风险的可能性进行评估。作为气象防灾减灾管理的基础，风险评估制度是确定灾害防御安全需求的一个重要途径。

建立城乡规划、重大工程建设的气象灾害风险评估制度。建立相应的强制性建设标准，将气象灾害风险评估纳入城乡规划和工程建设项目行政审批的重要内容。确保在规划编制和工程立项中充分考虑气象灾害的风险性，避免和减少气象灾害的影响。

组织开展本辖区气象灾害风险区划和评估，分灾种编制气象灾害风险区划图，为经济社会发展布局和编制气象灾害防御方案、应急预案提供依据。风险评估的主要任务包括：识别和确定面临的气象灾害风险，评估风险的强度和概率及其可能带来的负面影响和影响程度，确定受影响地区承受风险的能力，确定风险消减和控制的优先程度与等级，推荐降低和消减风险的相关对策。

7.2.2 部门联动制度

部门联动制度是全社会防灾减灾体系的重要组成部分，应加快减灾管理行政体系的完善，出台明确的部门联动相关规定与制度，提高各部门联动的执行意识和积极性。针对气象灾害、安全事故、公共卫生、社会治安等公共安全问题的划分，要进一步系统完善政府与各部门在减灾工作中的职能与责权的划分，做到分工协作、整体提高，强化信息与资源共享，加强联动处置，完善防灾减灾综合管理能力。同时，各部门应加强突发公共事件预警信息发布平台的应用。

7.2.3 应急准备认证制度

减少气象灾害风险最好的办法是根据气象预报警报及时科学有效地进行撤离、躲避和防御。要真正降低气象灾害风险，不仅应提高气象灾害的监测预报准确率和气象服务保障水平，更要在平时加强气象灾害的应急准备工作，提高基层单位的主动防御能力，从而将全社会气象灾害应急防御提高到一个新的水平。为有效促进和提高基层单位的气象灾害应急准备工作和主动防御能力，推动全社会防灾减灾体系建设，需要实施气象灾害应急准备认证制度。

气象灾害应急准备认证，是对苏木（镇）、气象灾害重点防御单位、普通企事业单位、牧业种养大户等的气象防灾减灾基础设施和组织体系进行评定，以此促进气象灾害应急准备工作的落实，提高气象灾害预警信息的接收、分发、应用能力和气象灾害的监测、报告、应对能力，从而确保重大气象灾害发生时能够有效保护人民群众的生命财产安全。

7.2.4 目击报告制度

目前气象设施对气象灾害的监测能力虽然有了显著增强，但仍然存在许多监测的缝隙，需要建立目击报告制度，从而使气象部门对正在发生或已经发生的气象灾害和灾情有即时详细的了解，为进一步的监测预警打下基础，从而提高气象灾害的防御能力。各苏木（镇）气象助理员、嘎查（村）社区气象信息员应当承担灾害性天气和气象灾害信息的收集与上报，并协助气象等部门的工作人员进行灾害的调查、评估与鉴定；及时将辖区内发生的气象灾害、次生衍生灾害及其他突发公共事件上报。鼓励社会公众向气象部门第一时间上报目击信息，对目击报告人员给予一定的奖励。

7.2.5 气候可行性论证制度

为避免或减轻规划和建设项目实施后可能受气象灾害、气候变化的影响，及其可能对局地气候产生的影响，依据《中华人民共和国气象法》《内蒙古自治区气象条例》《气候可行性论证管理办法》，建立气候可行性论证制度，开展规划与建设项目气候适宜性、风险性以及可能对局地气候产生影响的评估，编制气候可行性论证报告，并将气候可行性论证报告纳入规划或建设项目可行性研究报告的审查内容。

7.3 气象灾害应急预案

7.3.1 组织方式

新巴尔虎右旗气象灾害防御指挥部是全旗气象灾害应急管理工作行政领导机构，新巴尔虎右旗气象局和新巴尔虎右旗气象灾害防御中心具体负责实施气象灾害应急工作和日常工作。

7.3.2 应急流程

● 预警启动级别。按气象灾害的强度及可能或已经造成的危害程度将气象灾害预警启动级别分为四个等级：特别重大气象灾害预警（Ⅰ级）、重大气象灾害预警（Ⅱ级）、较大气象灾害预警（Ⅲ级）、一般气象灾害预警（Ⅳ级）。旗气象局根据气象灾害监测、预报、预警信息及可能发生或已经发生的气象灾害情况，启动不同预警级别的应急响应部门服务工作预案进行工作部署，并报气象灾害应急指挥部总指挥，通知成员单位。

● 应急响应机制。对于将影响全旗的气象灾害，指挥部总指挥召集各成员单位主要负责人召开气象灾害应急协调会议，做出响应部署。按照指挥机构的统一部署，各成员单位按照各自职责，立即启动相应等级的气象灾害应急防御、救援、保障等行动，确保气象灾害应急预案有效实施。并及时向旗政府报告，并通报各成员单位。对于突发气象灾害，旗气象局直接与将受气象灾害影响区域的单位联系，直接启动嘎查（社区）相应的应急预案。

● 信息报告和审查。发现气象灾害的单位和个人应立即向新巴尔虎右旗气象局或新巴尔虎右旗气象灾害防御中心报告，上述单位对收集到的气象灾害信息进行分析审查，符合救助标准的，及时提出处置建议，迅速报告指挥机构，并上报上级气象主管部门。

● 灾害先期处置。气象灾害发生后，事发地人民政府、旗直有关部门和责任单位应及时、主动、有效地进行处置，控制事态，并将事件和有关先期处置情况按规定上报旗气象局和旗政府应急管理办公室。

● 应急终止。气象灾害应急结束后，由旗气象局提出应急结束建议，报气象灾害应急指挥部同意批准后实施。

7.4 气象灾害调查评估制度

7.4.1 气象灾害的调查

气象灾害发生后，以民政部门为主体，对气象灾害所造成的损失进行全面调查，水利、牧业、农业、林业、气象、国土、建设、交通、保险等部门按照各部门职责共同参与调查，及时提供并交换水文灾害、重大农牧业灾害、重大草原火灾、地质灾害、环境灾害等信息。气象部门还应当重点调查分析灾害的成因。

7.4.2 气象灾害的评估

新巴尔虎右旗气象局应当开展气象灾害的灾前预评估、灾中评估和灾后评估工作。

● 灾前预评估。气象灾害出现之前，依据灾害的风险区划和气象灾害预报，对将受影响区域和等级做出可能影响的评估，是政府启动防御方案的重要依据，预评估应当包括气象灾害强度，可能影响的区域、行业和强度，以及不同风险区应当采取的对策等。

● 灾中评估。对于一些影响时间比较长的气象灾害，如干旱、洪涝等，应当滚动进行灾中评估。应用多普勒雷达资料、气象遥感卫星监测图、自动气象站等先进技术，跟踪气象灾害的发展，快速反映灾情实况。预估已造成的灾害损失等，同时对减灾效益进行预估。开展气象灾害实地调查，及时与民政、水利、农牧业、林业等部门交换并核对灾情信息，并将灾情信息按照灾情直报的规程报告上级气象主管机构和同级人民政府。

● 灾后评估。灾后对灾害情况和成因，灾害对社会经济发展的影响，以及气象灾害监测预警、应急处置和减灾效益做出全面评估，编制气象灾害评估报告，为政府及时安排救灾物资、划拨救灾经费、科学规划和设计灾后重建工程等提供依据。在对当前灾情充分调查研究并与历史灾情进行对比的基础上，针对灾害发生的规律、变化、特点，不断修正和完善气象灾害的风险区划、应急预案和防御措施，为防灾减灾工作做出更好的指导。

7.5 气象灾害防御教育与培训

7.5.1 气象科普宣传教育

广泛开展中小学气象科普实践教育活动，让气象科普活动常进校园。

继续积极推进新巴尔虎右旗气象科普基地创建，动员基层力量开展广泛的气象科普工作。全旗、苏木（镇）、嘎查（社区）要制定气象科普工作长远计划和年度实施方案，并按方案组织实施，把气象科普工作纳入经济和社会发展总体规划。各级领导班子要重视气象科普工作，苏木（镇）、嘎查（社区）要有科普工作分管领导，并有专人负责日常气象科普工作。科普示范点建有由气象信息员、气象科普宣传员、气象志愿者等组成的气象科普队伍，经常向群众宣传气象科普知识，每年结合农时季节，组织不少于两次面向村民的气象科普培训或科普宣传活动。

7.5.2 气象灾害防御培训

广泛开展全社会气象灾害防御知识的宣传，增强人民群众的气象灾害防御能力。加强全社会的气象灾害防御知识的宣传，将气象灾害防御知识列入中小学教育体系，加强对农民、中小学生等防灾减灾知识和防灾技能的宣传教育；定期组织气象灾害防御演练，提高全社会灾害防御意识和正确使用气象信息及自救互救能力。

把气象助理员和气象信息员队伍气象防灾减灾知识学习纳入行政学校培训体系。气象助理员和气象信息员是气象部门的"耳目"，肩负着协助气象部门管理本辖区内的气象信息传播、气象灾害防御、气象灾害和灾情调查报告、气象基础设施维护等等工作。对气象助理员和气象信息员队伍进行系统和专业的培训是十分必要的。把气象助理员和气象信息员队伍气象防灾减灾知识学习纳入行政学校培训体系，可以很好地利用现有社会资源，在节省大量的人力、物力的同时，尽可能使得培训常态化、规模化、系统化，为气象助理员和气象信息员队伍的健康发展奠定坚实的基础。

第8章　气象灾害防御基础设施建设

8.1　气象监测预警系统建设

8.1.1　天气气候监测网

为满足新巴尔虎右旗中小尺度灾害性天气系统监测和服务社会经济发展需求，在充分评估现有气象观测能力的基础上，依据呼伦贝尔市区域观测站网布局要求，统筹设计全旗气象观测系统的规模和布局。积极争取气象观测设施建设纳入城乡整体发展规划。对新巴尔虎右旗现有地面气象观测站进行站网优化，在资料稀疏区、灾害多发区、天气关键区和服务重点区建设无人自动气象站。

8.1.2　预报预警系统

气象灾害预报预警作为应急响应体系的重要组成部分，必须首先做到预报准确、及时发布，才能切实增强新巴尔虎右旗灾害应急处理能力，进而显著提高政府防灾减灾决策措施的社会效益。为了更好地提升新巴尔虎右旗气象建设的现代化程度，从新巴尔虎右旗气象防灾减灾需求出发，提高短时、短期预报的准确度，逐步推进新巴尔虎右旗气象预报预警系统的建设具有十分重要的意义，它将极大地提升新巴尔虎右旗气象部门的业务技术水平和社会服务功效。

（1）精细化预报产品的制作

应用各种实时观测资料，引进和消化吸收并完善现有的上级部门下发的数值预报产品，建立起适合新巴尔虎右旗的中小尺度气象精细化预报业务系统。应用各种实时观测资料，对上级台站的预报进行小空间尺度的订正，提高气象灾害精细化预报警报质量，实行从灾害性天气预报向气象灾害预报的转变，为旗政府决策部门和公众提供更加准确、精细的气象预报产品和更加个性化的气象服务，以满足现代化社会日益增长的气象专业服务需求。

（2）气象灾害评估业务系统

在实现精细化预报产品制作的基础上，利用干旱、暴雨、霜冻等灾害评估的相关方法与技术，结合新巴尔虎右旗本地实际情况，建立科学合理、切实可行的灾害性天气对城乡工程破坏性预测业务系统，包括建立灾害性天气对城乡工程破坏性分析系统、灾害性天气对城乡工程破坏历史资料库、灾害性天气对城乡工程破坏观测预测、灾害性天气对农牧业建设的破坏性分析预测、灾害性天气对设施农业及各类公益设施的破坏性分析预测等。

8.1.3 专业气象监测预警

牧业：加强重大牧业气象灾害的预报和预警。开展不同时效的重大牧业气象灾害发生时间、影响范围、危害程度等预测预报，并及时发布重大牧业气象灾害预测预报产品；健全牧业气象灾害预警发布机制，根据预警标准及时发布牧业气象灾害预警信息。配备牧业气象移动观测设备，开展干旱、洪涝、大风、霜冻、低温冷害、冰雹、黑白灾等主要牧业气象灾害的应急调查，以及牧草长势、面积、牲畜情况等观测，提高牧业气象移动观测及应急服务能力。加强草原气象火险等级预警预报。

交通：与交通部门共同探索形成建设交通气象观测系统的合作模式，并将其逐步纳入各类交通设施建设的总体规划和工程项目中，建立设施共建、资料共享的规范化机制。建立203省道公路气象观测系统，实现大雾、大风、雨雪、高温、低温冰冻等主要影响交通安全的气象灾害观测，有针对性地增加路面温度、道路结冰和道路实景等观测。

电力：依托现有气象观测站网，在高温、高湿、大风、暴雨、雨雪冰冻、雷电等气象灾害易发区补充建设气象观测站，重点加强影响电网安全的电线积冰和雷电等灾害性天气的观测。

8.1.4 监测预警设施建设

（1）建设城乡生态监测网，开展土壤湿度、牧草观测、大气温湿度等监测。与农牧业局合作进行牧草种类等监测。

（2）在城乡范围加密建设区域自动气象站和无人值守自动气象观测站，实现苏木（镇）全覆盖；在203省道新巴尔虎右旗段建设包括能见度要素的自动站；在旅游景区和牧业基地建设多要素自动气象站，以适应防灾减灾和气候可行性论证等需要。

通过以上设施建设，基本建成观测内容较齐全、密度适宜、布局合理、自动化程度高的现代气象综合监测网，可满足今后一段时期气象灾害防御与现代气象业务服务的发展需要。

8.2 信息处理与发布平台建设

为确保灾害性天气监测预警信息能及时传送到有关用户，应逐步推进及时、精确、多手段的信息处理与发布平台建设，通过广播电视、移动通信、网络等现代化手段将灾害性天气警报和预报信息及时向社会发布，增强社会公众抗灾能力，保障人民公众生命和财产安全。

8.2.1 气象信息采集处理系统

建设气象信息采集处理系统，通过与呼伦贝尔市信息接收处理中心的联机，可将新巴尔虎右旗境内实时的雨量、土壤水分等探测资料不断累积存储到数据库中，并通过各种渠道广泛收集和存储过去的历史数据，为气象服务提供丰富的数据源，同时还可以将收集的信息与其他部门共享，实现效益的最大化。

8.2.2 专业气象服务渠道

依托广播电视有线网络和现代化的气象业务系统，通过网络办理、现场办公、公众咨询、上门服务等手段，及时获取社会各界对气象专业化产品的需求，尤其是牧业、林业等气象高敏感行业对气象服务的需求，在上级指导下通过自主开发、引进、消化、吸收等手段，研发专业气象服务产品，并建立快捷有效的信息交互渠道，实现专业气象服务的高效、及时、准确，提升部门的社会服务职责，拓展公众服务领域。

8.2.3 信息发布平台建设

（1）气象信息服务专业平台

建设语音短信服务平台。内容包括：灾害性天气预警信息采集、分析、编审、监控子系统，固话语音短信编辑录音子系统，语音短信及用户数据库子系统，语音短信远程维护子系统和通信子系统等。设备包括：灾害性天气预警信息采编终端、信息监控终端、信息管理及维护终端、数据库服务器、通信服务器、路由器、高速通信线路等。

（2）公众信息服务平台

包括在城镇的关键街区、人口密集区域、主要建筑物、公交设施上布设气象预警信息发布电子显示屏，在苏木（镇）配置预警大喇叭设施等。根据气象灾害防御要求，对雷击、大风等各类气象灾害易发地段、场所进行排查，粘贴、悬挂如"雷击危险点"等警示标志和防范知识图片。

（3）信息网络工程

着重解决固定电话用户主动接收灾害性天气预警信息问题。利用气象部门已初步建立的灾害性天气预警发布系统、电信部门的现代通信技术及通信资源，实施"牧区气象防灾减灾"和"信息进嘎查"两工程，建立一套面向全旗广大牧区为主的、以固话语音短信和气象预警收音机等为主要载体的灾害性天气预警信息发布系统，将最新的灾害性天气预警信息第一时间发送到牧民群众手中。建立气象灾害监测资料实时传输网络。完善国家、自治区、市、旗气象高速宽带网和气象会商系统。建立和完善气象部门与苏木（镇）的视频会商系统和信息直通系统。完善气象预警信息发布系统，建立基于GIS的气象灾害决策服务系统。完善突发公共事件应急平台和防汛抗旱指挥部信息网络工程建设。

8.3 防汛抗旱防御工程建设

8.3.1 洪涝灾害防御工程

按照统一规划、标本兼治、综合治理的原则，坚持兴利除害相结合、开源节流并重、防汛抗旱并举、人的利益与环境保护统一，推进水资源的合理开发，优化配置、高效利用、全面节约和有效保护水资源。建设乌兰诺尔水库新建堤防、护岸。按照100年一遇标准建设大桥建筑物、构筑物、排涝泵站、桥涵及其他防洪排涝设施；疏浚、整治河道，使之能及时下泄50年一遇洪水，防御外围坡水的防洪沟要具备抵御50年一遇的洪水。

8.3.2 抗旱防雹工程

大力开展水利工程建设，不断改善农场灌溉条件，提高农场人均高稳产农田面积。针对农场实际情况，组织农场主积极开展小型蓄水、引水、集雨水窖等工程，不断提高有效灌溉面积，保证农场收入得到稳步提升。

通过各苏木（镇）人工影响天气作业点建设，建立自治区、市、旗三级有机联系的业务体系；加大对人影基础设施、作业装备投入力度，改善人影探测监测网的设备，更新老的作业设备；加大人影的科研投入，建立新巴尔虎右旗人工影响天气发展基金。

8.3.3 城市防洪工程

新巴尔虎右旗河流堤防大多是在原堤基础上加高培厚而成，堤基存在渗漏，防洪标准较低，并且由于地方财力有限，堤防配套资金不能足额到位，造成部分工程没有按批复设计完成，存在多处险工险段，需要进一步加强全旗堤防工程建设。

8.3.4 河道整治工程

结合"农村交通工程、社会发展工程、水利灌溉工程、食品安全工程、农村能源工程、村社环境整治工程"等六大工程规划，配合村庄整治工作，实行政府牵头、部门合作、全社会参与，积极推进以清淤为重点的河道整治工作，并结合生态护岸建设，努力达到"水清、流畅、岸绿、景美"的目标。并在完成整治的同时，落实以长效保洁为重点的河道管理。

8.4 雷电灾害防御工程

加强雷电探测、预警预报和防雷装置建设，覆盖率要求达100%。针对不同的建（构）筑物或场所，针对不同的信息系统及电子设备、电气设备，针对不同的地质、地理和气象环境条件，量身定制不同的雷电防护方案与实施防雷的相关活动。重点建设工程、通信网络系统、易燃易爆和危险化学品生产存储场所，以及高大建筑物、烟囱、电杆、旗杆、铁塔等进行防雷装置的规范安装，对已投入使用的防雷设施要定时指定专人检查维护，认真执行防雷装置定期检测制度。大型重点工程、危爆物品生产储存场所、重要物资仓库等建设项目的论证和规划要进行雷击风险评估并提供评估报告。重视嘎查的防雷工作，规范和加强嘎查的防雷安全监督和检测工作。按计划推进防雷示范嘎查和示范工程建设。

8.5 人工影响天气工程

人工影响天气工程是防灾减灾、保护人民生命财产安全、合理开发利用气候资源、改善生态环境的重要手段。新巴尔虎右旗人工影响天气工作的主要任务是在适当条件下通过人工干预的方式对局部大气的云物理过程进行影响，实现人工增雨（雪）、防雹、消雹、消雾、消云、消雨等目的。依托现有的天气预报分析业务系统，建立覆盖全旗的可视化的、动态的旱情显示查询系统；在气象卫星、气象雷达、气象站网及自动站网等现代化设备的基础上，依托地理信息系统平台，建立综合的人工影响天气作业指挥系统。

8.6 应急避险工程

各苏木（镇）、嘎查要根据当地实际，建立气象灾害应急避灾点，在醒目位置挂置旗气象灾害应急领导小组办公室制发的"气象灾害应急避险安置点"标志。避险场所的容纳能力应根据实际情况和需求确定，要求地势较高、不受山洪和地质灾害影响、交通便利、钢混结构、防雷设施检测合格、能抵御12级以上大风和40厘米以上积雪等重大灾害性天气的袭击，医疗救治、电力供应、救灾物资有保障。

8.7 气象灾害防御

8.7.1 暴雨洪涝灾害防御

加强暴雨预报预警。做好暴雨的预报警报工作，根据暴雨预报及时做好暴雨来临前的各项防御措施。认真检查防洪工程，发现隐患立即整改，城镇地下排水系统要采取预排空措施，防止城市内涝。

加强防洪工程建设。在洪涝高风险区，应提高水利设施的防御标准使之与经济社会发展相适应，降低暴雨洪涝灾害发生的风险性。对防洪工程开展综合治理，修筑堤防，整治河道，合理采取蓄、泄、滞、分等工程措施。

加强防洪应急避险。居住在病险水库下游、山体易滑坡地带、低洼地带、有结构安全隐患房屋等危险区域人群，遇洪涝灾害应及时转移到安全区域。

8.7.2 小流域山洪防御

提升山洪监测预警能力。小流域山洪高风险区应设置警示牌，配备报警器，每个流域、每个嘎查应设置水位、雨量观测设施，落实预警员、观测员，提高小流域山洪灾害的监测预警能力，增强小流域山洪防御水平。

编制山洪灾害防御预案。建立苏木（镇）、嘎查两级防洪避洪管理组织和村级防洪避洪组织网络，明确防御工作责任。完善防御小流域山洪灾害的保障体系，开展小流域山洪灾害防御预案演练。

加强水利工程巡查与监控。加强对上游山塘、河道堤防等水利工程的巡查，密切监视暴雨可能引发的小流域洪灾、山体滑坡、泥石流等气象次生灾害。

加强小流域防洪工程建设与管理。对小流域工程进行整治，除险加固，达到50年一遇的防御标准。加强高风险区建筑物安全管理，小流域山洪高风险区农民自建房要符合防山洪防御标准。

8.7.3 地质灾害防御

建立健全地质灾害监测预警网络。开展地质灾害调查评价，完善地质灾害群测群防网络体系，建立重要突发性地质灾害及地面沉降专业监测网络，实现地质灾害的监测预警。

提高地质灾害应急处置与救援能力。加强地质灾害应急处置和救援能力建设。组建应急队伍，开展救援演练，当收到地质灾害预警信息后，受影响地区的公众应当立即撤离危险区。地质灾害发生后，应急小分队应当快速反应，立即奔赴事发地点救援。

加大地质灾害勘查治理和搬迁避让。根据地质灾害点的规模、危害程度、防治难度以及经济合理性等实际情况，分别提出实施应急排险、勘查治理或搬迁避让的具体措施。

强化工程建设与地质灾害危险性评估。强化地质灾害易发区内工程建设项目及城镇总体规划，以及村庄、集镇规划的地质灾害危险性评估，提出预防和治理地质灾害的措施，从源头上控制和预防地质灾害，最大限度地降低建设工程风险和维护费用。

加强地质灾害防治。积极推进新牧区建设中各项地质灾害防治工作，做好牧区受灾被毁草地及基础设施的恢复、整理和重建，加强牧区地质灾害基本知识宣传，提高广大牧民防灾抗灾意识和自救互救能力。

加强地质灾害防治信息系统建设。大力推进地质灾害防治信息资源的集成、整合、利用与开发，促进信息共享，实现地质灾害防治管理网络化、信息规范化、数据采集与处理自动化。

8.7.4 干旱防御

加强干旱监测预报。重视干旱监测预报，开展土壤墒情监测，建立与旱灾相关的气象资料和灾情数据库，对新巴尔虎右旗干旱灾害高风险区地区，开展干旱预测，实现旱灾的监测预警服务。

适时开展人工增雨。对将出现或已出现旱情的地区进行调查，开展干旱状况评估，指导适时开展人工增雨作业，合理开发利用空中水资源，减少干旱损失，改善生态环境。

重视水利工程建设。整修水库和抗旱提水工程，切实加强农田水利建设，在重视大型水利工程的同时，着力发展各类投资少、见效快的小型水利工程建设。

推进牧区绿化建设，减少草原水分蒸发。因地制宜推广耐旱作物或树种的种植。

8.7.5 雪灾防御

加强大雪监测预报预警。做好降雪监测预报和预警信号的发布，雪灾高风险区遇降雪天气应积极发挥气象助理员队伍作用进行降雪监测，为牧业和各企事业单位开展雪压预报服务。

强化雪灾应急联动。制定冰雪灾害专项应急预案，落实防雪灾和防冻害应急工作。加强气象与建设、交通、电力、通信等部门的协作和联动，开展雪灾防御工作。

做好敏感行业雪灾防御。旗农牧业、林业、交通、电力等部门应根据预警信息、防御指引和应急预案加强和指导抗雪灾工作。做好牧业设施、输电设施、钢构厂房的抗雪压标准化建设。

8.7.6 雷电防御

加强防雷安全管理。建立防雷管理机制，制定牧区防雷技术规范。各苏木（镇）和有关单位应根据雷击风险等级，采取定期检测制度，发现雷击隐患及时整改，减少雷击灾害事故。

加强科普教育宣传。加强雷电科普知识和防雷减灾法律法规宣传，实现雷电防护知识进嘎查入牧户，提高群众防雷减灾意识。增强群众自我防护和救助能力，有效减轻雷电灾害损失。

加强雷电监测与预警。按照"布局合理、信息共享、有效利用"的原则，规划和建设雷电监测网，提高雷电灾害预警和防御能力，及时发布、传播雷电预警信息，扩大预警信息覆盖面，提前做好预防措施。

加强雷电技术服务。规范和加强防雷基础设施的建设。配合发展改革委等部门做好雷击风险评估、防雷装置设计技术性审查和防雷装置检测工作。

加强雷击灾害调查分析。做好雷击灾害调查和鉴定工作，提供雷击灾害成因的技术性鉴定意见，为雷击灾害事故的处理及灾后整改与预防提供科学客观的法律依据。

8.7.7　冰雹防御

提高冰雹监测和预报水平。加强气象雷达跟踪探测，开展冰雹等强对流天气预报技术研究，探索冰雹临近预报，进一步提高预报准确率。

探索人工防雹技术。通过人工作业试验，采用催化剂防雹法和火箭发射法，遏制雹胚成长，减轻冰雹危害。

8.7.8　高温热浪防御

加强高温热浪预报预警。做好高温的监测和预报，通过多种渠道及时向群众发布高温报告以及防御对策。

做好高温热浪防御。根据气象台发布的高温预报，做好各种防暑准备，各相关部门应做好供电、供水、防暑医药用品和清凉饮料供应准备，并改善工作环境及休息条件。

削弱高温热浪影响。在高温风险性较高的区域，房屋住宅等建筑设计应当充分考虑防暑设施，注意房屋通风。加强城市绿化建设，削弱热岛效应，减轻城市高温危害。

8.7.9 低温冰冻的防御

做好低温冰冻预报预警。气象部门应做好低温冰冻、电线覆冰、道路结冰等预报服务，及时发布预警信息，提醒相关部门和公众按照防御指引做好防冻保暖措施。

做好农作物防冻工作。旗农牧业局、林业局、各农牧场等部门应加强指导各地经济作物和设施农业田间管理，积极采取科学防冻措施。选育抗冻抗寒良种，提高农作物抵御低温冰冻能力。

加强电网低温冰冻防御。根据新巴尔虎右旗架空输电线路标准积冰厚度分布情况，对电线覆冰高风险区，优化网络结构，提高建设标准，从源头上减少冰冻造成的损失。

8.7.10 大风防御

加强大风监测预报预警。气象部门应做好大风监测预报，当有大风、寒潮、强对流天气来临时，及时向社会公众发布大风预警信息和防御指引。

加强大风灾害防御。在接收到大风预报或预警信息后，应根据防御指引，及时科学地加固棚架、临时搭建物、广告牌及现代牧业设施，停止野外放牧，停止露天集体活动，停止高空、户外作业。

加强防风设施建设。永久性和临时建筑以及牧业产业、牧业设施等应根据大风风险区划进行规划，加大对防风设施建设的投入力度。

8.7.11 草原火灾防御

开展草原火险等级预报。在冬春季节草原火灾多发期，制作24小时草原火险等级预报，通过广播、短信、电视等多种渠道对外发布。高火险期间适时开展人工增雨。

加强草原火险监测监控。建设草原火灾远程视频监控系统，建立监控中心和前端监控点。在草原防火特殊期，关注草原火险等级预报，安排人员 24 小时值班。

加强草原消防宣传教育。积极组织开展草原防火宣传活动，广泛宣传草原消防法规、制度和防扑火知识，全面提高广大群众的法制意识及安全意识。

加强草原火险隐患整治。每年开展草原火险隐患整治月活动，对一般隐患落实巡查人员进行循环检查，对重点隐患落实专人看守。建立草原消防物资储备库，为扑救重特大草原火灾提供保障。

加强草原防火督查指导。在草原火险高风险区和易发时间段，及时组织督查人员进行督查指导，加强火源管理，严控火种，减少火险隐患，最大限度地遏制火灾发生。

第 9 章 气象灾害防御保障措施

为继续建设为农服务和防灾减灾两大体系，全面实现新巴尔虎右旗气象事业"十二五"规划目标，为"十三五"规划打下坚定基础，要从全局出发，解放思想，开拓创新，从解决制约气象事业整体发展的体制、机制、发展环境等方面入手，加强管理、加大投入、深化改革，制定切实可行的政策与措施，为促进气象事业又好又快发展提供有力支持。

9.1 加强气象灾害防御工作组织领导

各级乡镇政府应当将气象灾害防御工作列入政府重要议事日程，层层落实责任，根据当地气象灾害的特点和防御重点，组织编制本地的气象灾害防御规划，并纳入当地的国民经济和社会发展规划，统筹规划、分步实施气象灾害防御重大项目建设；各有关职能部门要按照职责分工，加强对气象灾害防御工程的组织管理和实施，建立灾害性天气信息通报与协调机制；同时对公民、法人和其他组织参与气象灾害防御工作的义务进行规定。

9.2 推进气象灾害防御法制建设

推进与《气象灾害防御条例》相配套的地方性气象法规和政府规章建设，积极开展气象灾害防御相关标准建设，建立完善气象防灾减灾标准化体系，建立完善气象灾害防御行政执法管理和监督机制，规范全社会的气象灾害防御活动。加强气象探测环境的保护，纳入城乡规划的强制性内容；推进气象专用技术装备使用许可制度的建立；加强气象预报预警信息的统一发布与规范化管理；制定和完善气候可行性论证制度，开展城乡规划、国家重点建设工程、重大区域性经济开发项目以及大型风能开发利用项目的气候可行性论证；完善防雷技术服务机构资质认证和从业人员资格认定与管理制度，加强对雷电防护装置设计、施工和检测的监督管理。加大相关法律法规的宣传和普法力度，提高全社会的气象法律意识。

9.3 健全气象灾害综合防御机制

严格执行气象灾害防御法规，完善"政府领导、部门联动、社会参与"的气象灾害防御工作机制和"功能齐全、科学高效、覆盖城乡"的气象防灾减灾体系。积极推进公共气象服务机构建设，合理布局综合观测站网，建立和规范与现代气象防灾减灾业务相配套的业务流程；加强部门合作，建立和完善气象灾害预警发布业务系统；加快建设"土洋结合"、有效畅通的气象灾害预警信息发布手段，联合广播电视、信息产业等部门，建立健全气象灾害预警信息发布机制；加强农村气象灾害防御、监测、信息传播等基础设施建设，着力解决信息发布"最后一公里"问题。

9.4 完善气象灾害防御经费投入机制

进一步完善气象双重计划财务体制，把发展气象防灾减灾经费纳入中央和地方各级财政预算，建立健全以公共财政为主、稳定增长的气象防灾减灾投入机制，使气象灾害防御的投入与国民经济和社会发展相协调。进一步加大对气象灾害监测预警、信息发布、应急指挥，以及防灾减灾工程等重大项目、基础科学研究等方面的投入；鼓励和引导企业、社会团体、国际组织等各方面对气象灾害防御经费的投入，动员全社会广泛参与气象灾害防御资金的募集，多渠道筹集气象防灾减灾资金；充分发挥市场机制的作用，按照"谁受益、谁投入"的原则，建设专业气象灾害监测预警系统；充分发挥金融保险行业对气象灾害受灾单位和群众的救助、损失转移及分担作用；加强对项目经费的监督管理，提高投资效益。

9.5 依靠科技进步与创新，提升气象灾害防御能力

加快科技成果在气象灾害防御工作中的应用，着力加强气象灾害成灾

规律、成灾条件、发生机理、预报预测、风险评估、防御对策和各种气象灾害对经济社会发展的影响等科学技术研究；深入开展气候变化、极端天气气候事件对经济社会发展及能源、水资源、粮食生产、生态环境等的影响评估和应对措施研究；加快科技成果在气象灾害防御工作中的应用，大力提升气象灾害防御能力。

9.6 强化气象灾害防御队伍建设

坚持人才优先发展，加快建设一支素质过硬、结构优化的气象灾害防御队伍。加强灾害监测预警专业人才培训，优化队伍结构，建立良好的人才引进、培养、流动和评价机制，多渠道发展气象灾害防御人才队伍。加强气象灾害防御专家队伍建设，为防范和应对气象灾害提供决策咨询；加强气象灾害管理队伍建设，开展不同层次的减灾专业教育，提高气象灾害管理人员水平；加强防灾应急救援队伍建设，充分依靠解放军、武警部队、公安民警、民兵预备役和各部门（行业）抢险队伍，形成气象灾害应急救援骨干力量，积极动员社会团体、企事业单位以及志愿者等各种社会力量参与应急救援工作；加强基层防灾志愿者队伍和乡镇、社区、乡村气象灾害防御队伍建设，在乡镇设立气象助理员和气象信息员，协助气象灾害防御管理工作，在社区、乡村设立兼职或专职气象信息员，及时接收和传递灾害性天气预警信息和灾害信息，报告灾害性天气实况和灾情，参与本社区、乡村气象灾害防御方案的制订，以及气象灾害防御的科普宣传、应急处置和调查评估等工作。

9.7 提高全社会气象灾害防御意识

大力推动气象科普创新，不断完善和规范气象科普网络。充分发挥社会力量，建设气象科普教育基地，加强对全社会尤其是对重点地区和人群的防灾减灾科学知识和技能的宣传教育。将气象灾害防御知识纳入国民教育体系，提高全社会气象防灾减灾意识，提高广大人民群众自救互救能力。组织开展气象灾害易发、多发区公众广泛参与的防灾避灾演练。加强社会舆论宣传引导，做好相关科学解释和说明工作，增强公众抗御气象灾害的信心。

附　则

1. 本《规划》由新巴尔虎右旗人民政府批准实施。
2. 本《规划》由新巴尔虎右旗气象局负责解释。

经批准的新巴尔虎右旗气象灾害防御规划，任何单位和个人不得擅自变更，确实需要变更的，应报新巴尔虎右旗人民政府审核批准。